品阅 ●主编

会做
外国菜
好牛啊

农村读物出版社

图书在版编目（CIP）数据

会做外国菜好牛啊 / 品阅主编. — 北京：
农村读物出版社, 2015.6
（小吃货美食绘）
ISBN 978-7-5048-5747-7

Ⅰ.①会… Ⅱ.①品… Ⅲ.①菜谱－世界
Ⅳ.①TS972.18

中国版本图书馆CIP数据核字(2015)第063971号

策划编辑	李　梅	
责任编辑	李　梅	
出　　版	农村读物出版社	（北京市朝阳区麦子店街18号楼 100125）
发　　行	新华书店北京发行所	
印　　刷	北京中科印刷有限公司	
开　　本	880mm×1230mm 1/32	
印　　张	5.75	
字　　数	200千	
版　　次	2015年9月第1版　2015年9月北京第1次印刷	
定　　价	32.00元	

（凡本版图书出现印刷、装订错误，请向出版社发行部调换）

阅读指导

本书有二章

1

西餐招牌菜

西餐
人气美味

泰、日、韩
料理

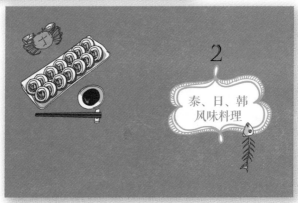

2

泰、日、韩
风味料理

目录页

目录
CONTENTS

土豆沙拉

土豆，别看它其貌不扬，个头憨实、其貌憨厚，在物质匮乏的年代土豆可是好东西！现在物质丰富了，土豆在大城市的中餐桌上沦为配角，可是在西餐中，土豆的地位一直无比稳固，又是菜又是饭，做沙拉、焗浓汤、烤薯条种蘸饼……可以高高在上，也可以是乡村田园人满街跑混迹，是很美人都爱的一道美味。

1 西餐 招牌菜　11

材料

六 土豆 5 个　两量
小 洋葱 1/8 颗
黑 鸡蛋 2 颗 水煮蛋
曲 曲奶酪 适量
盐

工具

做土豆泥
用于拉制和搅碎的
搅拌器

1 西餐招牌菜

目录
CONTENTS

2 泰、日、韩风味料理

1

西餐招牌菜

土豆沙拉

土豆，别看它其貌不扬，个头敦实、长相憨厚，在物质匮乏的年代土豆可是好东西！现在物质丰富了，土豆在大城市的中餐桌上沦为配角，可是在西餐中，土豆的地位一直无比稳固，又是菜又是饭，做沙拉、做浓汤、炸薯条和薯饼……可以高端大气上档次，也可以是平易近人满街都是，是欧美人酷爱的一道美味。

材料

大土豆1个，鸡蛋2个，胡萝卜1/4根，黄瓜1/4根，牛奶适量，橄榄油，盐少许。

牛奶

盐

橄榄油

工具

烧水锅1口，叉子或食物调理机或搅拌器

做法

1 将土豆洗净，放入锅中煮20分钟左右，待土豆熟透后即可捞出。鸡蛋洗净，和土豆一同放入锅中，10分钟后捞起，马上给蛋冲个凉。

2 这期间，将胡萝卜和黄瓜洗净，切成碎丁。

胡萝卜黄瓜
切碎丁

3 鸡蛋剥壳，用叉子戳开，蛋清捣成小碎块，蛋黄备用。

小唠叨

煮熟的鸡蛋不马上冲凉剥壳时就会"护皮"，不好剥。

蛋黄

4 将土豆捞起去皮，同蛋黄一起，用勺子或者其他工具压成泥，搅拌均匀。

5 牛奶加热，分次倒入土豆泥中，使劲搅拌至完全相互融合。

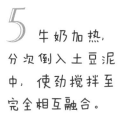
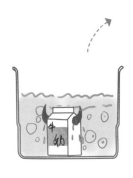

6 将所有材料混合，调入少许橄榄油、盐，拌匀即可。还可在上面撒些切碎的百里香。

就是了不起

1. 不用沙拉酱，低热量，更健康，小清新，奶香浓，滋味一点不差。

2. 这个土豆中加入热牛奶，可以让土豆泥更香更浓稠，更有"泥"的那种黏糊。

3. 热爱蛋黄酱的香甜者，加入一勺蛋黄酱，好吃无敌！不过就不用放盐和其他调料了。

土豆沙拉的魂魄

土豆沙拉的灵魂是土豆泥。土豆泥是法国菜中常见的一味配菜，就像考察粤菜厨师的水平，让他先上一例叉烧一样，对法国厨师来说，制作土豆泥体现了他们的基本素质。

很多人对土豆泥的要求是细滑，入口即化，没有残渣。想要做到这一点，单用勺子，恐怕不能达到。不过，别担心，现在有了神物——搅拌器（食物料理机）。煮熟的土豆块中倒入牛奶，倒进料理机里搅拌，很快，香浓幼滑的土豆泥就出来啦！

沙拉大变身

　　小小一份土豆沙拉，可是西餐中必不可少的东西，它能够千变万化，出现在各种不同的场合。现在，就让我们来看看它的几种常见变身吧。

金枪鱼土豆沙拉

　　这种沙拉配料比较简单，土豆，还是它的主角，不过又多了一位平分秋色的主角——罐头金枪鱼。配角黄瓜与紫甘蓝也要洗净、切成小块。土豆还是同上面一样做法。

　　开启一罐金枪鱼罐头，入锅蒸2分钟，将鱼肉撕成小块放凉。将所有材料混合拌匀、调味，营养美味的金枪鱼土豆沙拉就呈现在你眼前了。

德式土豆沙拉

　　这种沙拉和普通的土豆沙拉最大的区别就在于——材料里要有酸黄瓜和培根这两种德国人最常用的食材。其他做法同上，培根切末炒香，洋葱和酸黄瓜切末，加入芥末、沙拉酱放进土豆泥中，搅拌均匀即可。

海鲜沙拉

海鲜沙拉，在国外极为常见，可对大多数国人来说，即便是有海鲜在手，也会选择诸如煎、炸、蒸、烤、炒等烹饪方式，不太会想到拿它来做沙拉。啧啧，意大利海鲜沙拉、泰国海鲜沙拉，一样的海鲜不一样的味儿，不做做尝尝简直辜负舌头。

材料

大虾200克，小鱿鱼2条，牡蛎肉或扇贝丁或其他贝类肉若干，圣女果10来个，生菜叶2片，紫甘蓝1/8棵，洋葱半颗，柠檬1/4个，大蒜一瓣，橄榄油、盐适量，苹果醋、红酒适量

盐　红酒　苹果醋

工具

玻璃、或不锈钢沙拉盆，锅

做法

1 将所有材料洗净。大虾挑掉虾线，去头；鱿鱼翻洗干净，去头，切成一圈一圈即可；贝类肉冲净；圣女果一切为二；生菜手撕成块；洋葱、紫甘蓝切成细丝；大蒜剥皮，用刀拍碎。

小唠叨 做海鲜沙拉，有各种不同的食材，人们大多因地因时制宜，因为咱们国内最常见的海鲜也就是大虾、鱿鱼贝类等，所以我就用这些常见海鲜做我们的海鲜沙拉好了～

2 大虾和鱿鱼、贝
放入沸水锅中煮熟。

3 用手挤柠檬汁浇
入材料中，然后将所
有材料都搅拌均匀。

小唠叨

如果你还有芝
麻菜、薄荷叶、苦
菊等都可以洗净
加入。

4 倒入适量的苹果
醋，加少许红酒、盐
和橄榄油调味即可。

小唠叨

有柠檬也可以
不用苹果醋。如果
家里有混合了香料
和海盐的研磨调料
可以加一点调味，
就不用单放盐了。

就是了不起

1. 大虾鲜甜爽口，可是说起做大虾，很多人就要大倒苦水了——虾线难除啊，吃进嘴里煞是不爽。其实，去除虾线有妙招。备几根竹制牙签，捏起一只虾，从虾头开始数，找准第二和第三节虾身，果断插入牙签，看着黑色的虾线，轻轻往外一挑。嘿嘿，就这样，虾线一下子就出来啦！此法仅限于鲜度很好的冰鲜虾和活虾。

2. 做了虾和鱿鱼之后，手上有腥味，洗几次也洗不掉。其实很简单，用白酒或者白醋洗洗手，然后再到水龙头底下冲一下，腥味去无踪。柠檬水也可，就是成本较高。

海鲜沙拉的魂魄

1. 做这道海鲜沙拉，最重要的是要拿捏好煮海鲜的火候，入口Q弹。如果海鲜块头都不大，沸水放入后，水再开后片刻1分钟至1分半钟即好。如果掌握不好，宁可煮老一点安全！

2. 做这道沙拉，如果家里有，最好再倒入少许红酒，红酒能够去腥增鲜，有利于食物中的营养物质被分解和吸收。

沙拉大变身

海鲜沙拉多种多样，因为海鲜种类多样，不同的海鲜要注意搭配不同的蔬果，做到营养全面、清爽不腻。

海鲜藜麦沙拉

藜麦是近些年在国内悄然兴起的一种食物，营养全面丰富，做法多种多样。

藜麦下锅煮15分钟左右，煮至藜麦变成半透明状捞起晾凉。虾仁和其他材料还是如上加工处理。加入藜麦，可再加入红色和黄色的彩椒，这样营养更丰富，色泽也更加缤纷诱人。

蒜香面包

　　蒜香面包是面包中一个独特的存在，没有谁能够取代与接近。它蒜香浓郁，余味悠长，上桌，那香味就诱惑你向它伸手，不知不觉中可能把别人那份也给吃了。

　　蒜香面包不是普通的烘烤面包，而是经过再加工的成品，它的主料是法式面包，也称作法棍，是法国特产的一种面包，因为其外形像一根长长的棍子而得名。虽然名为面包，但是它与其他面包有极大的差别。普通的面包强调松软湿润，口感细腻，而法棍的外皮硬硬的、干干的，而内心却软软的、润泽的。不是刚出炉的法棍吃起来有点费劲，可是它的香醇味道却是其他面包所不能比拟的。

材料

法棍1根，黄油30克，大蒜数粒，海苔少许，香葱粒少许，盐适量，糖少许

大蒜几粒

盐

黄油

糖少许

锡箔纸

工具

蒜臼、锡箔纸、烤箱、搅拌器

做法

1 将法棍切成1.5厘米厚度的片；大蒜放入蒜臼中，加盐捣成蒜泥，越细越好；黄油用刀切成小块，放在室温中软化。

小唠叨　要是有压蒜器那就省事了。

黄油切块

2 将软化的黄油和蒜泥搅拌在一起；将海苔和香葱粒放入烤箱中用小火烘烤半分钟，，将海苔弄碎。

小唠叨　也可以直接先将黄油涂抹在面包片上，再铺上蒜泥和撒上海苔、香葱。

海苔、葱粒烤半分钟

3 将加工好的海苔和香葱粒放入黄油·蒜泥中，再加入一点点糖，搅拌均匀。

4 烤盘上铺好锡纸，将做好的蒜泥均匀涂抹在面包片上，放在锡纸上。

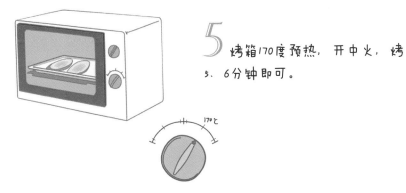

5 烤箱170度预热，开中火，烤5、6分钟即可。

蒜香面包的魂魄

1. 想做好蒜香面包，一定要挑选好的法棍。正宗的法棍捏起来表皮是硬硬的，但是不酥，捏起来不会掉渣。

2. 做好的蒜泥要加入一点黄油，不加黄油面包容易烤得过干，要是黄油加多了，面包又会太腻。一般1根法棍用30克黄油较合适。

3. 蒜泥上也可直接用混合香料研磨瓶转几下，撒上些香料再烤。

就是了不起

1. 捣蒜时要注意加点儿盐，加入盐可以让蒜不四处乱蹦。另外，加盐之后，捣出的蒜泥更加细腻。

2. 蒜泥中大蒜不要放得太多，也许你喜欢大蒜的香味，但是，你的胃未必就能受得了这重口味。

面包大变身

如果你觉得法棍和吐司之类原味面包不够好吃、没味道，没关系，我们小小加工一下，将吐司做出新味道，保准让你垂涎欲滴。

黄金面包片

早晨起床忙乱地洗漱，倒一杯牛奶，从冰箱里抓两片白吐司，这样的早晨真够乏味的。你只要稍微早起那么5分钟——鸡蛋用筷子搅散成蛋糊，加少许盐和糖，切少许香葱粒撒在蛋糊中。将吐司放入蛋糊中蘸一下。平底煎锅放少许植物油，五成热时将挂浆的土司片放入锅中小火煎制蛋熟。

罗宋汤

罗宋汤辣中带酸，酸甚于甜，是俄国和波兰等国家最为常见的一种汤，汤里的主要食材是甜菜，通常还会加入圆白菜、土豆、洋葱等其他常见菜蔬。十月革命以后，大批俄国人流落到上海，他们将美食也带了过来。因为当时上海文人将"俄罗斯"译为"罗宋"，所以这种俄国常见的红菜汤就被命名为"罗宋汤"了。不过罗宋汤从传到中国到现在经过了许多改良，逐渐成为现在我们喝到的酸中带甜、甜中飘香、肥而不腻、鲜滑爽口的罗宋汤。

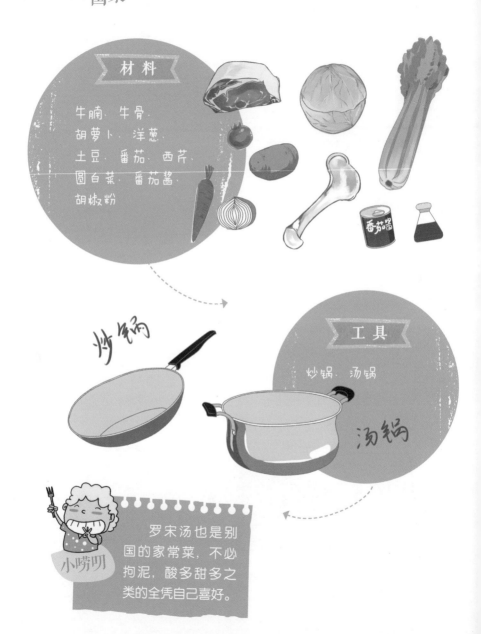

材料

牛腩 牛骨
胡萝卜 洋葱
土豆 番茄 西芹
圆白菜 番茄酱
胡椒粉

炒锅

工具

炒锅 汤锅

汤锅

小唠叨

罗宋汤也是别国的家常菜，不必拘泥，酸多甜多之类的全凭自己喜好。

做法

1 将牛腩洗净，切成小方块，牛骨也洗净。

2 将牛腩和牛骨放入凉水锅中，水没过材料半指即可。大火烧开煮两三分钟焯水，撇去血沫，捞起牛肉晾干，牛骨继续炖煮至使用之时。

3 胡萝卜、洋葱、西芹、土豆切丁。番茄、圆白菜切成小块。

4　炒锅烧热，倒油，待油五成热时，放入洋葱。待炒出香味后，再加入胡萝卜、白菜和芹菜继续煸炒两分钟左右盛起。

5　另起油锅加热，放番茄酱煸炒几分钟，加牛肉继续煸炒一会儿。

小唠叨

注意，要用番茄酱，不要用番茄沙司。

6　将牛骨汤倒入炒锅中，没过食材，大火烧开，煮几分钟后盖上锅盖，转小火慢煮1小时。等到牛腩熟软时，放入番茄块和炒过的蔬菜，继续煮到蔬菜软烂，加入盐、胡椒粉调味即成。

就是了不起

1. 牛肉和蔬菜不可同时下锅，否则蔬菜炖化了牛肉还未熟透。

2. 为了提升此汤的味道，可以依照个人口味，加入一点点红糖和柠檬汁，这样才能更加酸甜开胃。

罗宋汤的魂魄

罗宋汤原本以甜菜为主要食材，可是进入中国后，甜菜被其他常见的蔬菜所取代，所以这道菜里头最主要的酸甜口味得靠番茄酱来完成了。番茄酱是生的，必须入油锅炒熟，再加水煮透方可。

奶油蘑菇汤

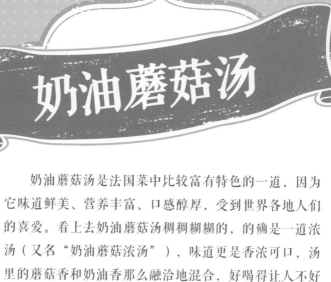

　　奶油蘑菇汤是法国菜中比较富有特色的一道，因为它味道鲜美、营养丰富、口感醇厚，受到世界各地人们的喜爱。看上去奶油蘑菇汤稠稠糊糊的，的确是一道浓汤（又名"奶油蘑菇浓汤"），味道更是香浓可口，汤里的蘑菇香和奶油香那么融洽地混合，好喝得让人不好意思。

材料

口蘑10朵, 火腿2片, 面粉 (60克), 黄油 (100克), 淡奶油, 盐适量

盐

淡奶油

面粉

工具

汤锅、炒锅食物料理机

1 将口蘑洗净切成薄片，火腿切成碎末。

蘑菇切片

火腿切碎

口蘑要选哪种菌盖洁白的，又香又嫩。

小唠叨

2 锅下开小火，放入一半黄油熔化，再倒入面粉，不停翻炒，面粉变黄、发出香味时关火。

3　另用炒锅烧热，放入黄油，加入火腿、蘑菇片煸炒出香味，倒入水，烧开后倒入食物料理机，蘑菇搅碎后倒回汤锅。

倒入水

小唠叨

如果没有食物料理机，就把口蘑切成末再放入黄油锅中煸炒。蘑菇切碎后要马上入锅。用食物调理机不要把蘑菇打得太碎太细，短时间搅打成蘑菇粒就行。

4　蘑菇汤继续加热，微沸后倒入淡奶油入炒好的黄油面粉，转小火边搅边煮两三分钟，汤汁慢慢浓稠。

烧开后倒入料理机

小唠叨

放入黄油炒面粉类似中餐的"勾芡"。

5 关火后加入淡鲜奶油，搅拌均匀，再撒入盐调味即可。

就是了不起

炒锅开小火，锅里放黄油，撒入面粉。面粉与油的大至比例为1.2：1，用小火将面粉炒熟。如果发现面有点抱团就说明面多油少了，黄油少了炒出面加入汤中容易有小面疙瘩。

奶油蘑菇汤的魂魄

1. 蘑菇一定要切薄片，片太厚了口感不好。薄薄的蘑菇片要用黄油煸炒，这样才能激发出蘑菇的香味。

2. 锅要选择锅底厚的，如果太薄了，黄油炒面的工序容易失败。

奶油南瓜汤

南瓜橙黄的颜色、细软的口感和香甜的滋味与我们不十分习惯的奶油香融为一体，让人的心和肠胃感到特别的贴恋，以至于一餐下来，其他的美味没留下深刻印象，倒是这奶油南瓜汤，甜蜜得让人难忘……

材料

南瓜、牛奶、
淡奶油、糯米粉、
盐、胡椒粉

淡奶油

盐

牛奶

工具

蒸锅、
食物料理机、
汤锅

做法

1 将南瓜洗净去皮，切成小丁备用。

2 切好的南瓜丁放入碗里，碗里加一点水，入蒸锅蒸熟。

3 将蒸熟的南瓜取出晾凉，连同碗里的水一同倒入食物料理机打成南瓜泥。

小唠叨　蒸南瓜碗里的水不能倒掉，这里头可有南瓜的精华哟，放入搅拌机一同搅拌吧。

4 将南瓜泥倒入锅中，加入少许牛奶，再放入淡奶油，加微量盐调味，开小火不停搅拌，微沸即可。

小唠叨 用水和奶慢慢加入并搅拌，稠度合适再放淡奶油。

南瓜汤大变身

百合南瓜盅

用小圆南瓜做一个瓜盅（去蒂和上面瓜肉，去瓤），莲子去芯，红枣去核，百合、枸杞都洗净，一起放进南瓜里。如果嗜甜，可以加2粒冰糖，然后将南瓜盅放入大碗中，入蒸锅旺火蒸15分钟。金黄的瓜盅里白色的莲子与百合，红色的枸杞、红枣，香浓诱人。百合润肺止咳、健脾和胃，枸杞养心明目，红枣补血养胃，莲子补心润燥，适合秋季食用。

就是了不起

1. 别忘了放盐，这道汤虽然是甜口，但是适量的盐能够促进甜味的释放。当然，盐别放多，当你尝到咸味时，盐肯定就放过量了。

2. 如想使口感更细滑，可以加入少许糯米粉，也可令南瓜汤更浓稠。如加糯米粉糊要分次加入，一次只加一点点，等完全搅拌均匀后再添加。也可以用一点糯米，与去皮南瓜块放在豆浆机里，加水做成南瓜糊，加盐和淡奶油。

南瓜汤的魂魄

南瓜含有丰富的蛋白质、氨基酸、维生素C和胡萝卜素以及各种微量元素，是厨房里的健康瓜菜。虽然是甜味食品，但血糖生成指数偏低，升高速度较慢，所以，糖尿病人也可以适量食用。

牛奶

牛排

　　牛排，西餐的代表佳肴之一，在优雅的餐厅里，人们一边轻声地交谈，一边右手刀、左手叉配合，切下一小块牛排，用叉子放进嘴里，咀嚼片刻，喝一口红酒，让红酒的酸涩香醇与牛排的荤香美味融合，与中餐迥异的味道和口感让人难以忘怀。

自己动手　美味在口

材料

菲力牛排1片（200克左右），香料和盐混合调料研磨瓶，黄油或橄榄油

工具

肉锤、平底煎锅

做法

1 牛排用肉锤轻轻锤松。

小窍门

如果你喜欢吃腌制的，锤松肉后可以用红酒、盐、黑胡椒粒、洋葱碎甚至生抽等调味料腌制。

2. 平底煎锅里放一小块黄油，锅烧热后，放入牛排，一面煎至自己喜欢的熟度（30秒以上）。

小唠叨

煎牛排的时间，以煎四至六成熟为度，除菲力牛排需要30秒钟左右外，另外三种需要3~5分钟，多一分钟多一分熟度。

3 牛排翻面，同样煎制。

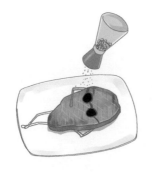

4 煎好的牛排盛入平盘中，在牛排上方转动研磨瓶盖，撒匀调料，或边吃边撒调料。

就是了不起

牛排有菲力牛排、肉眼牛排、西冷牛排和T骨牛排四种。这其中，最嫩的就是菲力，是牛脊背上最嫩的那一块肉，几乎没有肥肉，十分鲜嫩，最适合煎或者炭烤，口感细腻嫩滑；肉眼是靠近牛肋骨末端的一小部分肉，肉质细嫩多汁，带有雪花纹，比起菲力来量稍大，肥瘦兼有；西冷牛排也被称为纽约客，主要是牛上腰部的脊肉，肉质较较其他部分粗一些；T骨牛排由脊肉、脊骨和里脊肉等构成的大块牛排。

煎牛排的魂魄

1. 煎牛排少翻动、少油。

2. 如果肉新鲜度够，并且你习惯吃西式牛排，则煎制前并不需要用什么腌制。煎好的牛排撒上点研磨瓶里的调料，或者黑胡椒酱、番茄沙司、烤肉酱就随你喜欢了。

牛排大变身

牛排三明治

将牛肉锤松锤薄，用各种调料腌制一个小时左右，面包片用面包机略烤，将自己喜欢的蔬菜和牛排一同煎熟，然后放入面包片中。

咖喱牛肉

自己动手　美味在口

材料

牛肉1000克，咖喱块2、3块，洋葱1个，胡萝卜2根，土豆2个，啤酒，盐适量

工具

不锈钢锅或普通炒锅一口

做法

1 把所有材料都清洗干净，土豆、胡萝卜去皮，切块，洋葱切丝。

2 牛肉切成小方块，放入凉水锅中，锅中加花椒。待水滚开，血沫浮起后，撇去浮沫，再煮10分钟左右捞出控水。

3 锅中放入牛肉，放入洋葱、胡萝卜块和土豆块，倒入啤酒刚刚没过材料，中火，放入咖喱块，煮到咖喱块均匀与汤汁混合并沸腾。

4 火调小，煮到牛肉熟，胡萝卜熟软，土豆面面沙沙的，咖喱汤汁浓稠，关火，尝尝咸淡，适量调入一点盐。

小唠叨

热爱咖喱香和喜欢浓稠汤汁的可以加放1、2块咖喱块

就是了不起

1. 牛肉并不必须事先焯水，可以把洗净控干切块的牛肉放在锅里直接加啤酒炖煮，沸腾后会出很多泡沫，沿锅边撇去即可。

2. 做这道咖喱牛肉，牛肉不用炖煮得很烂，牛肉熟了，有弹性有咬劲就很棒

咖喱牛肉的魂魄

1. 超市里卖的块状咖喱本身就是调过味的，用来煮咖喱牛肉已经很好了，不用加其他调料。

2. 做咖喱牛肉，有肥有瘦有筋的牛腩部位是首选。

3. 吃咖喱牛肉一定要配上热气腾腾的白米饭，晶莹的米粒与咖喱汁混合在一起，让人胃口大开两者是绝顶的佳配！

咖喱牛肉大变身

咖喱牛肉饭／咖喱牛肉面

剩下的咖喱牛肉热了浇在米饭、煮好的面条上就成了。

番茄肉酱意大利面

意大利面和国内常见的面条很不一样，因为用盐、鸡蛋和面，所以面条呈黄色，很耐煮，很有嚼劲，除了普通的直条形状外还有螺丝、蝴蝶、贝壳等多种形状。番茄肉酱意大利面是典型的意大利主食，备受世人欢迎，超市里有卖瓶装肉酱，但作为吃货的我们，自然还是更喜欢自己做！

自己动手　美味在口

材料

意大利面（200克）左右，番茄2个，洋葱小半个，牛里脊肉（50克左右），番茄酱（20克），黑胡椒碎少许，白葡萄酒适量，橄榄油适量，黄油（30克左右）适量，糖盐适量

工具

炒锅、汤锅

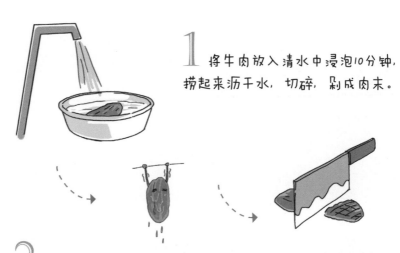

1 将牛肉放入清水中浸泡10分钟, 捞起来沥干水, 切碎, 剁成肉末。

2 番茄洗净, 在顶部划一个十字, 放入开水锅中汆烫半分钟捞起, 用凉水冲一下, 撕掉皮, 将去皮的番茄去掉根蒂, 切成小块, 放入大碗中, 用勺子压成糊糊; 洋葱洗净, 切成小丁。

3　热锅凉油，倒入适量橄榄油（或黄油），开中火，油温五成热时，将肉末倒进去翻炒。待肉末变色时，加入黑胡椒碎和淋入少许白葡萄酒，再加入洋葱末继续翻炒。

小唠叨　想有浓郁的奶香就用黄油。白、红葡萄酒均可，没有就不用。

4　等到洋葱末变得透明时，将番茄糊糊倒进去一同翻炒，再加入番茄酱搅拌均匀，加入适量盐和糖调味，转小火，盖上锅盖焖煮20分钟左右后关火，盛出。

小唠叨　番茄肉酱的火候十分重要，一定要不时开锅看一看，搅拌一下，以免煳锅。

5 另取一个汤锅烧开水，加入少许盐和色拉油，开锅后放入意大利面，用筷子在锅中不停搅拌，以免粘连。盖上盖子稍小火煮煮5分钟左右，尝一下有没有硬心，如果有就再煮一会儿。

6 煮到自己喜欢的硬度和熟度，捞出意大利面，稍微翻动降温，浇入番茄肉酱即可。

就是了不起

1. 面条下锅之前在水里加入少许盐和油，这样煮熟的面条外形漂亮，味道和口感好。

2. 面条捞起来之后，不要过冷水，可以拌入适量橄榄油。如果有剩余的面条，也可以拌入橄榄油，稍晾干后放入冰箱冷藏。

番茄肉酱的魂魄

1. 番茄块、番茄酱一个都不能少。

2. 炒制番茄肉酱最好要加入黑胡椒碎和白葡萄酒，这样出来的肉酱味道更鲜美。如果没有这两样，也可以用常见的胡椒粉和黄酒、红酒等来替代。炒肉酱的顺序是，先煸炒肉末，再放入洋葱碎，然后才是番茄酱、番茄碎。

3. 番茄酱是调味的，小心放盐。

番茄肉酱意大利面大变身

番茄肉酱拌米饭

这就是中西合璧的做法了，用意大利式的番茄肉酱来拌大米饭，浓郁的香气让人食指大动，胃口大开。其实做法基本上同上面一样，只不过是将意大利面换成了米饭。蒸熟的米饭直接盛到碗里，做好的肉酱浇在饭上即可。

海鲜饭

可别以为西餐只有面包牛排，这道海鲜饭也是名气响当当的西式美食。西班牙海鲜饭是西班牙瓦伦西亚的风味美食，用大米配上各种海鲜，用上等的新鲜大鱼骨熬出鲜美的鱼汤焖米饭，鲜虾、鱿鱼、鸡、西班牙香肠配上洋葱、蒜蓉、番茄汁，藏红花染得饭粒黄澄澄，味道浓烈，好吃得让你吞下舌头。不过，咱们今天因陋就简，用普通的大米来做这道海鲜饭吧。

自己动手  美味在口

材料

大米、虾6只、鱼骨头1架、鱿鱼1条（不用太大）、贝丁4个、鸡腿1只、豌豆1小把、番茄1个、红葱头4个、藏红花适量、柠檬汁1勺、月桂叶3片、辣椒粉1勺、白胡椒粉适量、盐适量、白葡萄酒适量、蒜3瓣、橄榄油适量、百里香末适量

大米

柠檬汁

×4

盐

工具

不粘平底锅、汤锅

做法

1 鱼骨头冲洗干净，切成几段，放汤锅中，加入月桂叶、胡椒粉炖煮。

2 鸡腿洗净，泡去血水，加少许盐和橄榄油腌制20分钟；贝丁洗净；藏红花洗净，用热水浸泡；大虾剪去虾枪，切开背部去沙线，冲净；鱿鱼去内脏洗净，切长条片；番茄去皮切小粒；蒜切片、红葱头切粒；大米洗净备用。

3 平底锅倒入橄榄油，将洋葱、红葱头和蒜放入，煸炒出香味；将番茄粒和辣椒粉倒进去，炒出汁，放入大虾、鸡肉、扇贝、鱿鱼豌豆，翻炒至断生，加少许盐调味，淋入白葡萄酒。

小唠叨

如果用的是活扇贝，需要洗净后泡水吐沙。

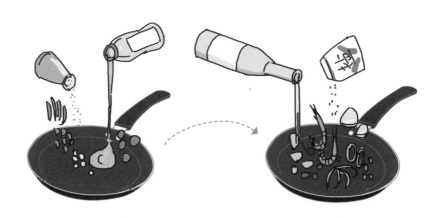

4 倒入米拌匀，加入番红花水继续拌炒，将米炒至透明，倒入鱼汤，没过材料2厘米，盖上锅盖，中火焖煮，等到汤汁快收干时转小火再焖10分钟。

生米

小唠叨

吃过新疆的手抓饭吗？做法和这个差不多的。既然已经部分"改良"，鱼汤换成鸡汤或用浓汤宝也使得。

5　出锅装盘，调入柠檬汁，撒上百里香碎即可。

小唠叨

柠檬去腥，记得吗，吃过海鲜就是用柠檬水洗手去腥味的。

就是了不起

1. 做这道菜要注意，不容易熟的海鲜或者鸡腿等要先炒或者煮一下。

2. 米一定要选择免洗的，黏性低的米，否则容易糊锅。另外，调味料焖制前调好，焖饭中不能搅拌。

3. 高汤一次加好，水和米的比例是 3：1，水包括调料的汁水。

4. 如果你不喜欢米粒和海鲜融合，可以先炒一下海鲜等原料，再用橄榄油炒米饭后加鱼汤，焖制到汤汁减少后把材料码在米饭上。

海鲜饭的魂魄

1. 番红花是这道菜的必杀技，可以到药店去买干的番红花，也可以买番红花粉。

2. 白葡萄酒也可以用朗姆酒来代替。

3. 红葱头一定不可少，不能用大葱、小葱来代替。

海鲜饭大变身

海鲜粥

准备好各种喜爱的海鲜，准备好大米，当然，这一次要尽量黏一点的米，米淘洗过，拌好橄榄油放半小时，然后入锅，加水煮粥。粥将熟，按照材料的易熟程度，按容易成熟顺序先后放入海鲜，搅拌均匀，放入些姜丝。待粥成时，加盐调味。

比萨

　　比萨，意大利馅饼，跟中国的馅饼的"内在"相比，比萨可算是"皮草外翻"。馅饼虽然好吃，但偶尔还是会想起乳酪香浓的比萨。不过，鉴于外卖比萨饼的价格，我们还是自己在家动手。下面咱们看看奥尔良培根鸡肉比萨怎么做。

自己动手 美味在口

材料

高筋面粉120克、低筋面粉40克、酵母粉3克、鸡蛋1个、温水80克、盐3克、橄榄油1小勺、鸡肉100克、培根30克、奥尔良烤肉料2小勺、片状奶酪120克、青红椒和苹果各半个、番茄酱1大勺、黄油1小块

工具

比萨盘、烤箱、炒锅

做法

1 38度左右的温水中倒入酵母粉，搅拌均匀，放置10分钟；将高筋面粉和低筋面粉混合均匀，加入盐，拌匀，将和面的水用筷子搅拌一下，倒入面粉中，用筷子搅拌成絮片状，静置10分钟，加入一小勺橄榄油，开始揉面。揉到面团表面光滑，盆、手全都光滑，面团可以任意延展后，面团放入容器，盖上潮湿的纱布，放在温暖处发酵。等面团发酵到两倍大，用手按压面团不弹回，拉开后能够看到蜂窝时，将面团重新揉一揉，放置15分钟。

10min...

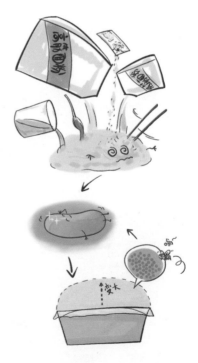

发大

小唠叨

可以用20~30克牛奶和温水和面，总量80克即可。

2 青红椒洗净，切成粒；苹果切片；奶酪切成丝；培根切片；鸡肉切成粒，倒入奥尔良烤肉料腌制半小时。

小唠叨

奶酪一定要用比萨用奶酪。

3 将面团擀成圆饼形，直径略小于比萨盘，盖上纱布，放入冰箱冷藏半小时定型。

30min

4 比萨盘上抹一层橄榄油，将面团放入盘中，用叉子在饼皮上扎一些小孔，在饼皮上涂上一层番茄酱，撒上些奶酪丝。

5 炒锅烧热，放入黄油，将培根煎至出油，盛起；再将鸡肉倒入锅中，炒制鸡肉变色盛起。

6 将鸡肉、培根平铺在比萨饼皮上，再铺上青红椒粒、苹果片，铺上剩余的奶酪丝。

7 将比萨放入烤箱的中上层，烤箱240度预热，上下火烤10分钟左右。

小唠叨

一般商业用烤箱烤6分钟左右，如果用平底锅，就小火焖烤15分钟左右。

就是了不起

1. 做好的饼皮要冷藏半小时定型，防止面团回缩。

2. 比萨盘底部要抹油，防止粘连。

3. 饼皮上要用叉子扎孔，防止烘烤时起鼓。

比萨的魂魄

1. 如果想奶酪香气更浓醇，可以加入马苏里拉与奶酪一起用，两者混合能使比萨更香浓，拉丝效果更好。

2. 奥尔良烤肉料腌制鸡肉，鸡肉会更嫩滑，更入味。

3. 番茄酱用起来简单，它替代了比萨酱，比萨酱是考察比萨饼品质的4个关键之一。好的比萨酱会用意大利番茄酱、碎番茄、橄榄油、蒜、碎洋葱、黑胡椒、奶酪等多种原料熬制。

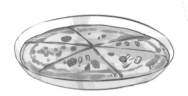

培根鸡肉比萨大变身

水果比萨

饼皮的制作同上，刷上比萨酱或番茄酱，将自己喜欢的各种水果切块或者切片，放在饼皮上，撒上奶酪丝，入烤箱烘烤即可。

香煎鳕鱼

　　鳕鱼，也是随着西餐的流行而为人所知，它肉质细嫩、少刺无渣，吃起来滑嫩有如油脂，但却高蛋白低脂肪，备受人们喜爱。香煎鳕鱼是经典的法国菜式，一般以红酒味做调料，爽口香浓。

自己动手

美味在口

材料

鳕鱼1片（1.3厘米左右厚）、柠檬汁1勺、盐适量、鸡蛋1个、牛奶3.4勺、油盐适量、罗勒碎、迷迭香碎、黑胡椒碎

工具

平底煎锅或平底炒锅

做法

1 鳕鱼解冻，去鳞，冲洗干净，挤干水分，再用厨房纸将鱼块擦干。

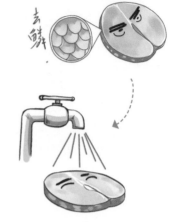

因为鳕鱼是深海鱼，日常买到的都是冰冻的鳕鱼块。

小唠叨

2 将鸡蛋加一点盐打散，牛奶与鸡蛋混合，搅打均匀；一个碗里盛入适量面粉，再加入少许胡椒粉和盐搅拌均匀。

3 鳕鱼均匀蘸上蛋液，然后两面拍匀面粉。

4 平底锅烧热，倒入2勺油，油温七成热时，将鳕鱼入锅，大火煎炸，2分钟后翻面，表皮香酥时，鱼肉就熟了，铲出放在盘中。

5 罗勒碎、迷迭香洒在鳕鱼上，挤上柠檬汁，撒一点黑胡椒碎即可。

罗勒碎

胡椒

迷迭香

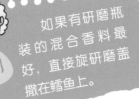

小唠叨

如果有研磨瓶装的混合香料最好，直接旋研磨盖撒在鳕鱼上。

就是了不起

鳕鱼的肉质细嫩有弹性，我们所见的冰冻鳕鱼都是厚片。冷冻的鳕鱼肉块，颜色一般为白色。要防止鳕鱼煎碎有几个秘诀：

1. 鳕鱼一定要搌干水分，擦干表皮再蘸蛋液，然后再粘上面粉，这样能够保持鱼肉表皮完整，蛋液和面粉将肉汁裹在里头，使之更加鲜嫩。

2. 油温七成热时再下锅，开大火，一面煎好后再翻面。

香煎鳕鱼的魂魄

1. 柠檬汁去腥增鲜。

2. 罗勒碎和迷迭香碎和黑胡椒、盐等调味料并不要撒很多，飘飘洒洒落一些在鳕鱼上就好。

香煎鳕鱼大变身

清蒸鳕鱼

清蒸鳕鱼的做法简单得多。将鳕鱼化冻处理好，装盘，上面放入三五片生姜，蒸锅水开后蒸10分钟，倒去蒸出的汁水，浇上两调羹橄榄油和3调羹蒸鱼豉汁，再蒸2分钟即可。

烩海鲜

烩海鲜也是西餐中比较经典的菜式，因为欧亚大陆临海的国家较多，所以海鲜自然也是餐桌上绕不过去的美食。各种海鲜单品已经让人垂涎欲滴了，这种海鲜大杂烩更叫人吃得忘了舌头。

自己动手　美味在口

材料

大虾几只　青蛤250克
小鱿鱼2个　小番茄2个
大蒜4粒　黄油1勺　橄榄
油1勺　白葡萄酒半杯
番茄酱30克　盐适量　法
棍2片　蘑菇3个　洋葱半
个　生姜1块

2片

工具

炒锅

做法

1 番茄洗净，划十字入水汆烫，撕去外皮，切成小块。洋葱切碎，大蒜剁成蒜末，蘑菇切片，生姜去皮切丝。

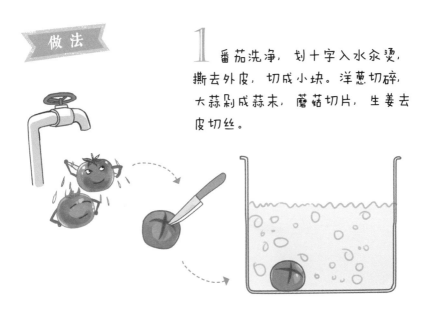

2 青蛤放入淡盐水中浸泡，待其吐尽泥沙，鱿鱼处理干净，切条，用沸水将鱿鱼和青蛤焯水40秒，捞起沥干；大虾收拾干净。

3　炒锅放入橄榄油和黄油，烧至四成热时倒入少许蒜末、蘑菇和洋葱碎煸炒出香味，再倒入白葡萄酒，中火略煮一煮，加入番茄、番茄酱煮开。

4　将大虾、姜丝、青蛤和鱿鱼，小火煮上几分钟分钟至虾熟，加入适量的盐和黑胡椒调味，翻炒均匀，开大火收汁，装盘。

出锅装盘，配上一片柠檬，放上两片法棍即可。

小唠叨

就是了不起

青蛤没有煮开壳的就拣出去吧，多是不新鲜的。

番茄和番茄酱、红葡萄酒或白葡萄酒等酒、果醋、黄油、橄榄油、奶酪和奶油等乳制品、香草和黑胡椒，这些是西洋风味典型滋味的源泉，怎样搭配你更喜欢？尝试吧！

烩海鲜的魂魄

海鲜材料自己选配。

如果喜欢蒜香浓郁的，就在放了油和黄油之后先放蒜末炒出香味。目前的做法不会有那么重的蒜味，只有风味上的提升。

奶油烤杂拌

　　红菜汤、奶油杂拌、罐焖牛肉、奶油烤鱼、酸黄瓜和大名鼎鼎的"老莫"（莫斯科餐厅）、小白桦西餐厅、大地西餐厅深深地烙在60、70年代北京人的记忆深处，成了他们舌尖上的年代……　如果你喜欢浓郁的奶酪香，奶油烤杂拌很对你口味。

自己动手　美味在口

材料

土豆、口蘑、培根、泥肠或红肠、甜玉米粒、煮鸡蛋（小唠叨：前面这些东西可替换，除了土豆外，每种用量不多，全看自己口味搭配。）、马苏里拉、黄油、牛奶、胡椒粉、盐、鸡精、洋葱丝胡萝卜碎少量

黄油

盐　牛奶　鸡精

工具

炒锅、烤箱

做法

1 土豆蒸熟，压成泥，加适量牛奶搅拌均匀；口蘑切片；培根、肠、煮鸡蛋切小块；马苏里拉刨丝。

小唠叨

土豆泥要和其他材料搅拌，包裹住其他材料，所以牛奶不用调入太多。

2 炒锅烧热，放入黄油，用洋葱丝、胡萝卜碎爆香后放入胡萝卜、口蘑、培根、肠、甜玉米，翻炒至培根熟，放盐、胡椒粉、鸡精调味。

3 关火，倒入土豆泥、鸡蛋块，拌匀后装入烤盘，上面撒一层马苏里拉，放入预热过的烤箱，180度上下火，烤15分钟左右，奶酪熔化、表面变色即可。

180℃

小唠叨　马苏里拉就是烤比萨饼时用的另外一种奶酪。

就是了不起

土豆泥的做法前面有，可以实现温习~
调土豆泥的牛奶也可以换成一半牛奶一半淡奶油，口感更佳。

奶油烤杂拌的魂魄

除了黄油、奶酪、土豆口蘑、泥肠，其他材料看自己喜欢了~

油烤杂拌泥
大变身

芝士焗土豆泥

土豆蒸熟，压泥；洋葱碎、胡萝卜碎用黄油炒香，关火，倒入土豆泥，炒拌均匀，加盐和黑胡椒粉调味后盛入可用于烤箱的盘子，上面铺好马苏里拉，入已预热的烤箱，200度，烤到芝士表面焦黄即可。

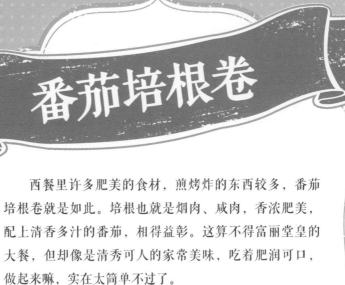

番茄培根卷

西餐里许多肥美的食材，煎烤炸的东西较多，番茄培根卷就是如此。培根也就是烟肉、咸肉，香浓肥美，配上清香多汁的番茄，相得益彰。这算不得富丽堂皇的大餐，但却像是清秀可人的家常美味，吃着肥润可口，做起来嘛，实在太简单不过了。

自己动手　美味在口

材料

圣女果、培根、黑胡椒粒

小唠叨：有人可能要质疑了，明明说的是番茄培根卷，圣女果怎么跑出来抢镜了？呵呵，圣女果就是番茄啊，因为皮厚肉略少，做这道菜正合适。

小唠叨

牙签是不可少的工具啊。

工具

烤箱or炒锅、牙签

牙签

做法　烤箱版

1 将圣女果冲洗干净，去蒂，晾干表面的水分，依照圣女果的大小，整个儿的或者切成两半备用；培根切薄片，卷住圣女果，用牙签固定住。

2 烤箱预热180度，将卷好的番茄培根卷放入烤盘里，上下火烤15分钟左右出炉。

3 趁热在培根卷上撒上黑胡椒粒。

小唠叨　培根本身有咸味，慎放盐。

平底煎锅版

1 步骤同上面的"1"。

2 炒锅烧热，倒入少许色拉油，开小火，油七成热时将培根卷放入，盖上盖子，煎至培根略微发黄，番茄变软即可关火出锅。

3 趁热撒上黑胡椒粒。

番茄培根卷的魂魄

从准备材料到美味出锅，一共也就十多分钟。

口重的人可以先用胡椒粉或者肉酱等各种酱料将培根腌渍三五分钟，然后放入烤箱烘烤。

除了番茄、香蕉、苹果等水果，芦笋、金针菇等都可以制作。

番茄培根卷大变身

培根卷金针菇

　　将金针菇洗净，切掉根部较老的部分。汤锅坐水，加入少许盐和油，水开后，将金针菇放入，汆烫1分钟捞出，沥干水。
　　培根切片，一片培根裹上一小撮金针菇，用牙签固定。
　　平底煎锅倒入适量油，开小火将培根卷煎上三分钟即可。

培根芦笋

　　芦笋取前端细嫩的头颈部，卷入培根中，做法同前。

芦笋浓汤

　　这是一道地的法国菜，咸鲜适宜，清淡爽口，营养丰富。芦笋的氨基酸、蛋白质和维生素的含量均高于一般水果和蔬菜，富含多种微量元素，能够促进机体代谢，提升机体免疫力。芦笋在西餐中却极为常见。试着学做这道芦笋浓汤，用少许黄油和牛奶，搭配土豆，烹煮香醇浓厚的美味吧。

自己动手  美味在口

材料

芦笋400克、鸡骨架半副、土豆2个、鸡蛋两个、鲜奶油100毫升、油盐适量、胡椒粉适量、姜片

工具

蒸锅、料理机、炒锅或汤锅

做法

1 将鸡骨架洗净，浸泡出血水，汤锅里坐水，放入鸡骨架和姜片，大火烧开，撇去浮沫，转小火煮2个小时。将鸡汤盛起来，留汤备用。

小火 2小时

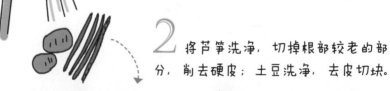

2 将芦笋洗净，切掉根部较老的部分，削去硬皮；土豆洗净，去皮切块。

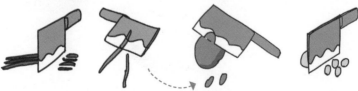

3　汤锅里放入煮好的鸡汤，加入少许盐，开大火，水开时将芦笋放入煮10来分钟，捞起。煮软的芦笋嫩尖切下来留用，剩下的部分切段，仍旧放回锅中。

4　将土豆块放入锅中，用文火煮半小时；将土豆块和芦笋段捞出来，加一点儿水，用料理机搅成糊。

5　鸡蛋磕开，只留蛋黄，加入鲜奶油，打成蛋液，加入菜糊糊搅拌均匀，倒入锅中，搅拌均匀，放入适量盐和胡椒粉调味。

6　再次开火，大火将锅中材料烧滚，加入切好的芦笋尖，关火出锅。

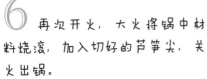

就是了不起

芦笋市场上卖得也比较贵。选购芦笋时，要千万注意，如果是绿色的芦笋，要削掉下半部分的皮。试着用手掐一下，如果掐不断，那证明这一段太老，也要去掉。而白色的芦笋，尽管可能比较嫩，但是皮非常苦，必须将皮从头到尾都削掉。

芦笋浓汤的魂魄

鸡汤作为汤底，是芦笋浓汤好喝的关键。如果没工夫去熬制鸡汤，可以用浓汤宝或者其他的类似产品来代替。芦笋有点苦，所以加入鲜奶油和蛋黄使汤更浓更滑。加入土豆泥也是同样的道理。

如果喜欢回味甘甜，可以在煮芦笋的时候加入极少量的糖。

芦笋浓汤大变身

芦笋炒虾仁

芦笋炒虾仁也是经典菜式，芦笋和基围虾，可以搭配小半根胡萝卜来。基围虾洗净，剔除虾线，去壳，洗净，沥干水，加入适量食盐和少许料酒，腌制15分钟。芦笋洗净，去老茎，削掉硬皮，焯水2分钟，切段。炒锅烧热，倒入橄榄油烧热，加葱姜蒜末爆香，将虾仁倒入翻炒至蜷曲变色，放入芦笋，大火炒熟，加盐调味，翻炒均匀，出锅。

墨西哥鸡肉卷

　　墨西哥鸡肉卷，顾名思义，是墨西哥地区的传统美食。这鸡肉卷的做法并不麻烦，可以这样类比，它就是墨西哥当地的煎饼卷大葱，多亲切呀~

自己动手

美味在口

材料

面粉300克、黄油30克、鸡柳适量、番茄1个、生菜叶若干、酸黄瓜适量、洋葱1/4个、鸡蛋1个、面包碎少许、黑胡椒粒适量、辣酱适量、沙拉酱适量、温开水适量、油盐适量

工具

炒锅、平底锅、刷子、擀面杖

做法

1 面粉里加入软化的黄油和温开水和成软面团，揉到面团表面光滑，饧30分钟。将饧好的面团切成小剂子。取一个小剂子，用刷子刷上油，将另一个小剂子放在上面，用擀面杖擀成薄饼。平底煎锅开小火，将薄饼放入，烙熟一面就翻面。将烙熟的面饼分层揭开。

小唠叨

面和水的比例是1:0.6~0.7，分几次加水，薄饼这么做肯定好吃。不过省点事的话可以买点烤鸭饼煎一下。

2 生菜叶洗净备用；西红柿洗净，切成小粒；洋葱洗净，切成丝；鸡柳加入少许盐和胡椒粉腌制10分钟；将鸡蛋打成蛋液，加入少许盐，鸡柳先蘸取蛋液，再均匀蘸上面包屑。

3 炒锅烧热，多倒些油，开中火，油温五成热时，将鸡柳一块一块放入炸。炸制鸡柳表皮变色、酥脆时关火，捞出，沥干油。

4 将饼平铺在案板上，刷一层辣酱，放上一片生菜，再将鸡柳、番茄粒、洋葱丝和酸黄瓜依次铺在上面，挤上一些沙拉酱，撒上少许黑胡椒粒，卷起来就可以了。

就是了不起

1. 炸鸡柳的时候，开中小火即可，火大容易外面糊了而里面还未熟。如果喜欢酥脆的口感，可以将鸡柳先炸一遍，稍微控一下油，再入锅用中大火略炸。

2. 面饼用两个小刹子刷油后粘在一起，这是从北京烤鸭中学来的招数，但是极为管用。这道鸡肉卷里的配料不拘，可以根据自己的喜好随意添加。

墨西哥鸡肉卷的魂魄

1. 一定不能少了酸黄瓜，辣酱可以随自己的口味，但是沙拉酱不能不放入。酸黄瓜和沙拉酱都是用来给青菜和鸡柳调味的，再加上少许黑胡椒粒，使味道更浓郁。

2. 因为鸡柳事先用盐腌制过，所以蛋液中可以少放一些盐。

墨西哥鸡肉卷
大变身

墨西哥玉米卷

　　用白面和玉米面制成薄饼，将培根入锅煎熟；洋葱切丝；奶酪切丝；将生菜、包菜、洋葱丝、培根等材料都摆在薄饼皮上，撒上少许奶酪丝，再浇上一些沙拉酱，卷起饼皮即可食用。

蜜汁烤翅

　　蜜汁烤翅，说出这个词，就忍不住咽口水，虽然知道这是减肥禁绝食品，可是真耐不住诱惑。那香滑糯软、微甜咸香的滋味似乎还在舌尖萦绕。会做蜜汁烤翅的人，应该能够抓住爱人的心吧，看项少龙穿越回秦朝，凭着一个蜂蜜烤翅就轻而易举地俘获了冷面杀手善柔，你有没有受到什么启发？

自己动手  美味在口

材料

鸡翅N个. 酱油适
量. 生姜1块. 蒜3
瓣. 蚝油2勺. 胡椒
粉适量. 白酒1小勺.
蜂蜜1勺. 油盐适量.
百里香少许. 醋少许

工具

烤箱. 刷子

做法

1 生姜去皮，切成姜丝。蒜拍后剁碎；鸡翅洗干净，放入清水中浸泡20分钟，水里滴入数滴醋，加入少许姜丝。

2 准备一个大碗，碗里放入姜丝、蒜蓉、1勺酱油、少许蜂蜜、少许盐、适量胡椒粉、数滴白酒和百里香碎，搅拌均匀。

3 将鸡翅取出沥干水分，背面上划几刀，放入调料中抓腌均匀，放入冰箱冷藏。

这个环节不可省略，如果时间充裕，可提前一天备料，将鸡翅放入加盖的保鲜碗里腌制一夜，最起码也要腌制两三个钟头，这样更入味。

4 烤盘里铺上锡纸，将鸡翅放入。烤箱预热，用200度，将烤盘放入，上下火烤5分钟，取出烤盘，用刷子在鸡翅一面涂刷蜂蜜，再将烤盘放进去，烤8分钟，再翻面，涂蜂蜜，再烤8分钟。

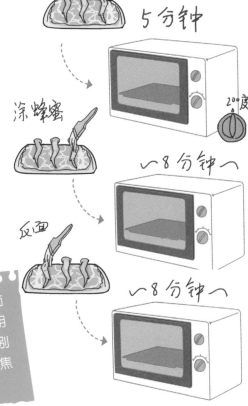

5分钟

涂蜂蜜

8分钟

反面

8分钟

如果能再两面分别刷蜂蜜，用250度再两面分别烤2、3分钟会更焦香甜蜜。

就是了不起

1. 鸡翅最美味的部分是翅中，翅尖虽然也美味，可是吃起来费事，如果有好这口的，也不妨烤翅尖。不过翅尖个头较小，肉较薄，烤制的时间和火力可以略减。

2. 鸡翅烤熟后最好开大火略烤几分钟，这是为了让鸡翅表皮更脆，口感更好。

3. 这道蜜汁烤翅，如果没有烤箱，用微波炉操作也是一样的（不能用锡纸了），或者用平底煎锅来煎。

蜜汁烤翅的魂魄

1. 所谓蜜汁烤翅，蜂蜜是必不可少的。第一次在调料里加入少许蜂蜜，让蜂蜜的甜味渗入鸡翅中，咸中带有丝丝甜味，叫人欲罢不能。在烤制过程中几次将蜂蜜刷涂在鸡翅表面，包裹住鸡翅内部的汁水，又让鸡翅表皮更黏牙，更香浓。

2. 调料中放入了1勺酱油，咸味已足，所以不需放盐。

蜜汁烤翅大变身

可乐鸡翅

先将鸡翅处理干净，用刀划上几刀。炒锅烧热，倒油，待油温6成热时，将蒜片、干辣椒段、姜片等放入爆香，再将处理干净的鸡翅放进去翻炒。待鸡翅表面呈金黄色时，倒入可乐，大火煮沸，转小火焖煮至鸡翅熟时，开大火收汁，加盐调味，关火出锅。

苹果派

派是起源于欧洲的一种食物，苹果派可算是美国典型食物，是美国人最爱的食物之一。美国人拜访朋友时，只端着自己现烤出来的喷香扑鼻的苹果派，便会受到主人家的热情款待了。苹果派香香甜甜、美味可口，我们也来领略一下这热情馥郁的美国美食吧。

自己动手 美味在口

材料

低筋面粉75克、高筋面粉75克、黄油60克、苹果300克、朗姆酒2勺、肉桂粉1小调羹、鸡蛋2个、砂糖50克、盐少许、果酱适量

工具

平底烤盘、烤箱、筛子、刮刀、擀面杖、案板

做法

1 将低筋面粉和高筋面粉倒在一个容器里，加入少许盐，搅拌均匀。

2 将面粉用筛子过筛，在案板上形成一个小面粉堆；取出一半的黄油，切成小块；鸡蛋打成蛋液，备用；苹果洗净，去皮去核，切成小粒。

3 用刮刀将黄油和面粉混在一起，从面粉堆中间挖一个小凹陷，慢慢倒入凉水，调和，将面粉揉成面团，包上保鲜膜，放入冰箱冷藏1小时。

4 案板上撒上少许淀粉，面团自冰箱取出，放在案板上用擀面杖擀成长方形。

5 面片从两边各1/4处向中间折，然后对折，完成一次4折，擀开后如此再进行3次，共完成4次4折，折过2次后的面团入冰箱冷藏20分钟。

6 平底煎锅大火烧热，放入黄油，直到锅中气泡消失，黄油变成褐色，将砂糖和苹果粒放入翻炒均匀，倒入朗姆酒；等到酒汁收得差不多，苹果呈金色半透明状时关火，倒入肉桂粉，再倒入面包屑、果酱，搅拌均匀。将苹果泥起锅，放凉。苹果馅就做好了。

7　将冷藏后的派皮取出，擀成薄薄的面片，放入派盘上，用擀面杖再略滚压一遍，去掉多余的面皮，铺上做好的苹果馅，剩下的面皮切成条，倾斜交叉摆在苹果馅上面，有两层派皮的边缘处涂上蛋液，使派皮边缘粘合好，其余蛋液刷在面皮上。

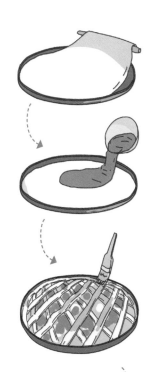

8　烤箱预热至200度，将烤盘放入中下层，开上下火，烤制25分钟左右，即可出炉。

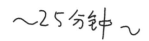

200°C

~25分钟~

就是了不起

1. 派皮一定要保持低温，如果面皮变软，黄油出现要融化的迹象，须立即将面团送入冰箱冷藏。

2. 擀派皮的时候，可以撒上少许淀粉，千万不能太多，否则影响口感。

3. 苹果中含有较多水分，在锅里炒制时要用中火。同时需要注意，要用铲子在锅中不停搅动，以免糊锅。

苹果派的魂魄

1. 苹果加热后，酸味会释放出来，所以，做馅料时一定要加入砂糖、果酱，这样口感才会更好一些。

2. 派皮入烤箱前，用刷子刷上一层蛋液，这样吃起来更光滑，也能够锁住派的水分。

苹果派大变身

南瓜派

先将面粉过筛，放入糖、盐、黄油混合均匀，加入少许水，揉成面团，用保鲜膜包上，放入冰箱中冷藏两三个小时后取出，擀成薄片，放入派盘中，用叉子扎一些小孔，静置10分钟。南瓜去皮切厚片，蒸熟后压成泥，加入糖、鸡蛋搅拌均匀。将南瓜馅料放入派皮上抹平。入炉，200度烘烤10分钟，再转170度烤25~30分钟即可。

焦糖布丁

　　布丁，也作"布甸"，是果冻的一种，也是十分有代表性的西式甜点。一般用面粉、牛奶、鸡蛋和各种水果做成。焦糖布丁就是布丁中最经典的款式，也入门级别的款式，基本上，如果学会了焦糖布丁，其他各色布丁也能很快上手了。

自己动手

美味在口

材料

牛奶200毫升、砂糖100克、鸡蛋2个、水少许、黄油少许

工具

打蛋器、布丁模具、烤箱、炒锅、筛子

做法

1 将牛奶和50克细砂糖倒入碗中，隔水加热，不停搅拌，直到细砂糖完全融化为止。将牛奶冷却至温。

2 将鸡蛋打入牛奶中，用打蛋器搅拌均匀，即成布丁液。用细孔筛子将搅拌好的布丁液筛上两三次，直到无一点杂质为止，然后将布丁液静置半个小时。

小唠叨

用打蛋器，千万不要用力过猛，否则，蛋液发泡了，口感就会差很多。

3 这段时间，先把布丁模具洗净晾干，放置一边。待模具干后，在内部涂上一层黄油。

4 将剩下的50克砂糖和50毫升的水倒入锅中，开中火加热，待糖水开始沸腾时，可以转中小火。

小唠叨

如果看到有许多白沫翻滚，不用理会，继续熬煮。

5 待锅中水分基本上蒸发掉，糖浆的温度升高，开始焦化，转为淡琥珀色时，即刻关火。

6

趁热把煮好的焦糖倒入布丁模具里，薄薄地铺上一层即可。

小唠叨

手快是做焦糖布丁的关键，焦糖烧凉就会变硬，无法成形，所以要趁热倒入模具。

7

再将静置好的布丁液徐徐倒入布丁模具里。

小唠叨

千万别贪多，否则端盘子的时候，布丁液容易溢出来。

8

烤盘里倒入一半高度的热水，将布丁模具放在烤盘里。

9 烤箱预热165度，将烤盘放在中层，开上下火，大约30分钟左右，待布丁液凝固即可出炉。

如果烤制中水没有了要添点水。

小唠叨

10 将做好的布丁扣入盘中，放入冰箱冷藏1小时左右，风味更佳。

就是了不起

1. 布丁液一定要过筛，这样才能去除杂质，保证口感。过筛后的布丁液要静置30分钟。

2. 糖水在锅中煮的时候，千万不要搅拌，避免出现结晶现象。到糖浆呈现淡琥珀色时即可关火，其自身余热会使它进一步焦化，颜色加深，千万别加热过火，那容易发苦的。

3. 一定要用蒸烤的方式，在烤盘中注入一半以上的热水，否则，烤出来的布丁满是蜂窝眼。

焦糖布丁的魂魄

所谓焦糖布丁，焦糖的制作可是关键。最好使用细砂糖，细砂糖杂质少，吃起来口感较好。

另外，如果觉得放糖太多会过甜，可以适当减少糖的用量，但是一定要熬出焦糖色。

烤布丁的火候，有人喜欢表皮凝固就好，有人则喜欢全部凝固，你喜欢什么样的？

番茄肉酱大变身

芒果布丁

芒果去皮去核切丁，放在布丁模具底部。一半水一半牛奶入锅煮至沸腾，转小火，加入吉列粉（做布丁用的）搅拌均匀。出锅，过滤3遍。将布丁粉静置半小时，然后倒入模具中，放入冰箱冷藏2小时以上，待凝固后便可食用。

2

泰、日、韩
风味料理

冬阴功汤

　　"冬阴"是酸辣的意思，"功"是虾的意思，冬阴功汤就是酸辣虾汤，以虾为主料，搭配泰国鱼露、柠檬、香茅和朝天椒，味道有酸有甜有辣，辣过之后又非常舒爽。冬阴功汤不仅在泰国、老挝，也在马来西亚、新加坡、印尼大受欢迎，传入国内后，"冬阴功"粉丝中就多了很多中国人。

自己动手

美味在口

材料

虾8只、蛤蜊250克、草菇4只、朝天椒4个、番茄2个、柠檬叶1小把、香茅2棵、高良姜1块、泰国柠檬1个、白糖半勺、椰浆1杯、鱼露1勺、白胡椒粉小半勺、冬阴功酱适量、油盐适量

白糖

鱼露

油

冬阴功

椰浆

盐

工具

汤锅、炒锅

做法

1 将柠檬叶、番茄、柠檬、草菇、朝天椒、黄姜洗净；高良姜切片，朝天椒切段，番茄去皮切碎。香茅切掉根，去掉叶子，只留中间部分，洗净。虾去壳，挑出虾线，洗净备用。蛤蜊放淡盐水浸泡2小时吐沙。

2 水中放入少许盐和两片姜，点火烧开，先将香菇放入锅中烫一下，沥干；再将处理好的虾和蛤蜊倒入，约40秒钟后捞起，洗净，沥干水。

3 炒锅里放入适量油，将番茄放入，翻炒至番茄粒融化，变成番茄酱，加入香茅、柠檬叶和姜片，盖上盖子，转小火煮30分钟。等到煮出香味。

4 将处理好的香菇和朝天椒放入，加入适量冬阴功酱、鱼露、白糖和盐，搅拌均匀，撇去浮沫。

5 熬煮15分钟，将虾和蛤蜊放入，再调入白胡椒粉，切开一个柠檬，将柠檬汁挤入汤中。

6 再煮3分钟，将椰浆倒入，搅拌均匀，关火出锅。

小唠叨　要加一点淡奶油，与椰香搭配更香浓。要想椰香浓郁就加点椰油。

就是了不起

冬阴功汤的食材非常考究，酸酸辣辣，十分开胃，香茅可以帮助肠胃蠕动，柠檬叶具有镇咳、缓解胃痛的功效，朝天椒能刺激血液循环，这些调料全都不可少。

另外，如果买不到现成的冬阴功酱，也可以用冬阴功汤料来代替。

冬阴功汤的魂魄

一方水土一方人，不同的物候条件造就了不同的物产，特殊的物产又让这个地方的风味与众不同。冬阴功汤的诱人之处全在那些当地出产的食材和调味料。泰国柠檬是那种小小青青的，香茅、柠檬叶在香草柜台可以找到。椰浆也可以用椰油代替，用一点点即可。

冬阴功汤大变身

冬阴功面条

冬阴功汤到了中国，爱动脑筋的人变会据此做出无数种变体来。其他所有工序和材料都不变，但是最后煮汤时，可以放入一把现做的拉面，加上一把油菜，酸酸辣辣又管饱。

泰式咖喱蟹

　　咖喱蟹也是泰国的一道名菜，蜚声海外。据传，泰国人最早只用芹菜、洋葱和葱来炒蟹，颇有些我们葱姜蟹的感觉。后来，据说有厨师将咖喱粉误当胡椒粉放入炒蟹中，谁知道味道异常鲜美，香浓的咖喱汁拌饭简直绝美！

自己动手　美味在口

材料

江蟹1只（海蟹也可）、洋葱半个、蒜3瓣、红辣椒3个、椰奶半杯、鱼露少、泰国黄咖喱、面粉适量

椰奶

鱼露　面粉　泰国黄咖喱

工具

炒锅

做法

1 蟹刷洗干净，打开螃蟹壳，去掉蟹掩、蟹盖、草牙、沙包等，斩成四块，在螃蟹表面撒少许盐，再粘裹少许面粉。

拍上面粉

小唠叨

蟹用海蟹、江蟹都行。蟹掰开露出蟹肉的地方要粘上面粉，外壳可忽略。

2 洋葱洗净，剥去老皮，切成细丝；大蒜拍碎，剁成末；辣椒洗净，切成段。

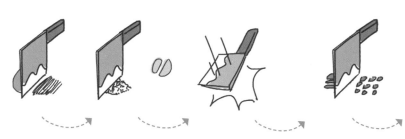

3　炒锅加热，开中火，放油，油温五成热时，将螃蟹下锅煎炸，至肉质变结实，螃蟹变红，盛出螃蟹。

4　锅中只留底油，放入姜片、蒜末、洋葱丝炒香，放入黄咖喱炒匀，将炸好的螃蟹块放入锅中翻炒，倒入椰奶，加入鱼露搅拌均匀，放入香茅草、红辣椒继续翻炒，汤汁收浓便可关火出锅。

就是了不起

1. 螃蟹如果是活的，张牙舞爪怪吓人，最好将螃蟹放入冰箱冻上十几分钟，等它晕乎了再拿出来收拾。

2. 蟹螯，也就是那两把大钳子，壳较厚，最好用刀拍上几刀，让蟹螯裂开，方便入味和入口。

泰式咖喱蟹的魂魄

1. 咖喱最好用泰国黄咖喱，否则不是那种你期待的味道。这种咖喱已经调味，不用再放盐。

2. 椰奶、椰浆或牛奶，既给咖喱增加了香味，又使汤汁口感更柔滑。

3. 鱼露也是做这道菜的秘密武器，增加咸味和鲜味。

泰式咖喱蟹大变身

葱姜炒蟹

将螃蟹洗净，去除壳和内脏，拆成小件，放入胡椒粉和绍兴黄酒略腌制5分钟。然后用干淀粉拍匀。炒锅烧热，入油，油七成热时将螃蟹倒入炸至变红捞出。锅里留底油，放入葱姜蒜煸炒出香味，再加入螃蟹翻炒，调入黄酒、白糖和盐，倒入小半碗水，焖煮几分钟，撒上香葱末，关火出锅。

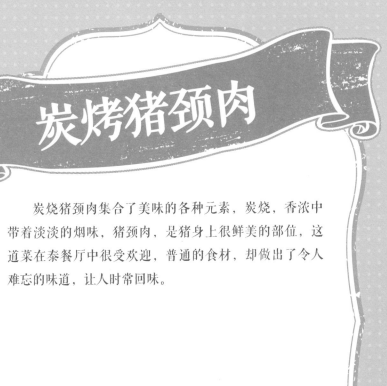

炭烤猪颈肉

炭烧猪颈肉集合了美味的各种元素，炭烧，香浓中带着淡淡的烟味，猪颈肉，是猪身上很鲜美的部位，这道菜在泰餐厅中很受欢迎，普通的食材，却做出了令人难忘的味道，让人时常回味。

自己动手

美味在口

材料

猪颈肉400克、香茅末1勺、香芹1枝、红葱头半个、朝天椒碎1勺、柠檬半个、玫瑰露1调羹、鱼露1调羹、耗油1调羹、蒜瓣、糖、姜末少量

玫瑰露

糖

耗油

工具

烧烤架、木炭

做法

1 将猪颈肉洗净，放
入清水中浸泡30分钟，
水中挤入几滴柠檬汁。

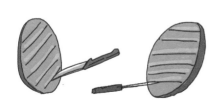

2 将猪颈肉捞出控干
水分，在肉的一面每1.5
厘米切一斜刀，不要切
断，翻过来与前一面交
叉斜切，同样不切断。
切好晾一晾。

3 碗里放入玫瑰露、鱼露、
耗油、姜末、香茅末，挤入几
滴柠檬汁，搅拌均匀。将猪颈
肉放入调料碗里浸匀，盖上盒
盖或者保鲜膜，放入冰箱里冷
藏腌制3小时左右。

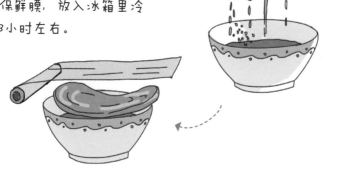

4 将红葱头、香芹切成碎末，蒜瓣拍破、切碎末，与朝天椒、糖和柠檬汁搅拌成蘸料。

5 点燃木炭，准备好烧烤架，将肉放在烧烤架上慢慢烤至金黄色，烤制的过程中，用刷子多刷几次腌料。待肉熟后取下，切成片，蘸着调好的蘸料吃即可。

小唠叨

也可以用烤箱，200度预热烤箱，将腌好的猪颈肉放在烤网上，上下火200度烤3分钟，取出来，刷一次酱汁，再烤2分钟，取出来再刷一次酱汁。这样边烤边刷，烤10分钟后再翻面，照样刷酱汁。10分钟后，只开上火烤3分钟，到表皮焦黄即可出炉。

就是了不起

1. 如果怕油，可以在烤制的过程中用厨房纸洗掉表面多余的油分，然后再刷酱汁。

2. 一定要腌制 3 小时以上，这样酱汁的味道才能渗进肉中。做好的炭烤猪颈肉色泽金红，香气浓郁，肉质鲜嫩爽滑。

炭烤猪颈肉的魂魄

1. 选料：一定要选择猪颈肉，肉质和口感最适合炭烤。

2. 调料不要图省事。另外，因为这些调料里都有盐分，所以不需要另外放盐。

炭烤猪颈肉大变身

叉烧肉

将选好的猪前腿肉处理干净，切成约3厘米厚的长条，将叉烧酱、醪糟、生抽、蒜蓉、麦芽糖混合均匀，放入肉块，抓匀，然后放入切好的葱姜，入冰箱冷藏腌制6小时以上。肉取出，刷去表面的调料晾干。烤箱200度预热，再将蜂蜜、老抽混合汁涂在肉上，入烤箱中上层烤18分钟，翻面，刷一层酱汁，再烤8分钟左右即可。

韩国辣白菜

"妈妈的味道"——韩国泡菜申遗成功，韩国泡菜文化被正式列入联合国教科文组织人类非物质文化遗产代表作名录。《大长今》里能看到很多种泡菜，有汤的、没有汤的、白色的、红彤彤的，韩国泡菜种类很多，萝卜、白菜、黄瓜、小萝卜，我们最熟悉的是辣白菜。吃的东西，无论什么，一定是自己在家里做的更好吃，只要你一板一眼地去做。

自己动手　美味在口

材料

大白菜1棵、苹果1/3~1/2个、梨1/3~1/2个、细辣椒面约150克、糯米粉50克、姜、蒜、韭菜适量、盐适量、鱼露适量、糖、白醋适量

辣椒面

糯米粉

盐　糖　白醋　鱼露

工具

小锅、盆、大一点的密封盒、一次性手套

小唠叨

因为泡菜种类多样，而其中最具代表性的就是辣白菜，所以此处以辣白菜为例，讲述泡菜的做法。其他诸如黄瓜、萝卜、桔梗等都可以参照这种做法，酱料浓度以个人口味为准。

做法

1 大白菜洗净，切掉根，去除外面的老叶，从根部划一个十字，再对半切成两半。

绿帮黄心的冬储大白菜最好。

小唠叨

2 将大白菜放入浓盐水中浸泡1个晚上，第二天捞起来，冲洗干净，攥干水分。

最好用那种腌菜用的粗盐粒，一盆水中放100克左右盐。

小唠叨

3 苹果和梨去皮去核切成小丁，用料理机搅打成糊；姜蒜去皮拍碎，剁成末；韭菜择洗干净，切成小段。

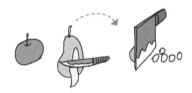

小唠叨 韭菜几根就好，不用太多

4 糯米粉放入碗里，碗中倒入少许水和成糊，用小锅烧水，微沸时放入糯米糊不断搅动，煮成稠米浆，趁热放入辣椒面和匀，放凉后再加入苹果泥、梨泥、葱姜蒜和韭菜，加入白糖、盐、鱼露、白醋，搅拌均匀，辣椒糊就做好了。

5 将处理好的姜、蒜和韭菜放入糊糊中，放入适量糖、盐（调料盐）和鱼露搅拌均匀。

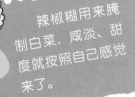

小唠叨

辣椒糊用来腌制白菜，咸淡、甜度就按照自己感觉来了。

6 干净无油的密封盒，戴上手套，先在容器底部抹一层酱糊，白菜每一张叶上都抹好辣椒糊，之后卷好，放入密封盒，再如此做好另外一半，码入密封盒，将剩余的酱糊倒在表面。将容器密封好，放在冰箱里发酵，一周后即可打开食用。

就是了不起

1. 抹酱糊的时候一定要戴上手套，否则辣椒可能会给皮肤带来刺激。

2. 装泡菜的容器要事先处理干净，无水无油，容器密封性一定要好，否则会串味。

3. 辣白菜最适宜的发酵温度是2~7度，2~3周间食用营养和口感最好。

韩国泡菜的魂魄

韩国泡菜中所用辣椒面是专门的辣椒面，不太辣，不至于让人闻着就涕泪俱下。韩国人会用"小鱼水"（代替鱼露）和韩国大白菜，一般有韩国人聚居区的大超市里都能找到。

韩国泡菜大变身

泡菜炒年糕/五花肉

取几片辣白菜切碎，年糕（五花肉）切成条，炒锅里放油，倒入葱姜爆香，加入辣白菜和韩式辣酱炒开，再倒入年糕（五花肉）翻炒均匀。加入适量清水略焖，然后加盐翻炒，待年糕变软后（五花肉熟）关火。

紫菜包饭

韩国的紫菜包饭，在日本叫卷寿司，是寿司的一种，用海苔和米饭卷起一些食材，切成段，蘸着寿司酱油和绿芥末吃。做这种包饭的难度似乎只在用寿司帘"卷"上。其实的确是用竹帘子帮着卷起饭卷，但并不是认真地卷成桶，而是借助竹帘来规范饭卷，需要浅浅卷起后撤出竹帘，再浅浅卷起，最后才全卷成桶装，两手搭配还是需要摸索一下~

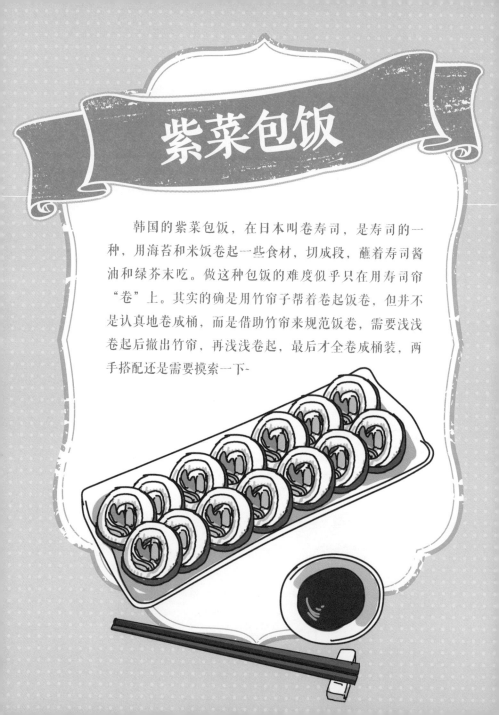

自己动手　美味在口

材料

冷米饭、白醋、三文鱼、鸡蛋、黄瓜条、腌胡萝卜条、沙拉酱、海苔、寿司酱油

工具

平底锅、寿司竹帘、一次性手套

做法

1 米饭里滴入几滴白醋, 拌匀; 三文鱼随意切成条; 鸡蛋打入碗中搅打成蛋液。

2 平底锅里滴入几滴油, 润开满锅底, 烧热后慢慢倒入少蛋液, 慢慢转动平底锅, 煎成蛋皮。

3 海苔放在寿司帘上, 戴好手套, 把米饭薄薄地铺在紫菜上, 靠近自己的一侧米饭铺到紫菜边上, 远离自己的一侧稍留出一点紫菜边, 不铺米饭。

4 蛋皮修成方形，左边顶头铺在米饭上，余料铺在右手处。把三文鱼条、胡萝卜条、黄瓜条放在米饭上，稍稍靠近自己身体一侧，稍稍挤入一点沙拉酱。

沙拉酱用香甜的或千岛酱都行。

小唠叨

5 寿司帘向外卷起，卷住中间的食材，用手捏紧按压竹帘，然后放开竹帘，紫菜翻卷往自己身体一侧拉一下，竹帘放平，再用竹帘卷剩下的紫菜片，如此，将整片紫菜卷起，这时用竹帘把紫菜卷卷在中间，像擀面一样按压滚动裹紧，然后拿下竹帘。

6 西餐厨刀上抹点油或蘸水，把紫菜饭卷切成厚片，蘸寿司酱油食用。

就是了不起

1. 有的饭团米饭中会加入一点黑芝麻和糖，与白醋一起拌匀。

2. 沙拉酱如果吃不习惯，番茄酱、甜辣椒酱都不错。

饭团的魂魄

三文鱼是很多人最喜欢的生食鱼品种，香港美食家蔡澜曾在他的书中写到过，这种鱼即使快腐坏了也不变颜色，因此三文鱼的新鲜程度是非常值得关注的。颜色鲜亮、纤维发亮、弹性好的才是新鲜三文鱼，价格也是一分钱一分货！

紫菜包饭大变身

饭团大变身

把紫菜卷在饭里面，米饭外裹沾芝麻、鱼子等，就是日本寿司里的"里卷"；不用寿司帘，把紫菜做成甜筒冰激凌样的圆锥形，里面放米饭和配料，是日本寿司里的"手卷"。中间的配料可以换成自己喜欢的烤鱿鱼、甜玉米、海菜、鱼子等，随意。

味噌汤

　　村上春树写到苦闷失意的少年想去轻生，在海边喝了一碗味噌汤，顿时觉得人生变得美好起来。他沿着海边缓缓向前，最终走出了别样天地。日本人喜爱味噌，在冬天尤其爱喝一碗热乎乎的味噌汤。味噌以黄豆为原料发酵而成，味噌汤的各种主料也是萝卜、海带、豆腐和各种鱼类，都是营养健康的食物。

自己动手

美味在口

材料

鱼骨1副（或适量小鱼干）、裙带菜少许、柴鱼粉（1勺）、内酯豆腐半块、香葱2根、味噌2勺、糖少许、姜一块

工具

汤锅

做法

1 将裙带菜冲洗干净；生姜去皮，切成片；香葱洗净，切成末，豆腐切成小方块。

2 锅里放入足量清水，大火烧开，放入两片姜，将鱼骨头放进去，不时用勺子将锅上面飘着的浮沫撇去，20分钟后取净鱼骨，留汤。

也可以用些小鱼干煮汤用。

小唠叨

3 将豆腐和裙带菜入锅中煮滚，转小火再煮2分钟，关火。

→小火

4 用温水将味噌调稀释，加入到汤中搅拌均匀。撒入柴鱼粉和葱花，出锅。

味噌汤之流变

虾仁豆腐汤

　　味噌汤，不论里面放了什么菜肴，其味道都没有多大变化，因为味噌压倒一切。不过，正宗的味噌汤里必须要有嫩豆腐，我们今天就用嫩豆腐另做一味汤，味道不同，营养依旧。

　　热锅凉油，放入胡萝卜丁翻炒均匀，加入一碗水，水滚后，放入一把豌豆，加入一盒切成片的南豆腐。再次开锅时，加盐调味，煮2分钟，加入虾仁，开锅后勾一个薄芡，撒上葱花即可。

就是了不起

1. 汤里要用裙带菜，不要用海带。
2. 味噌必须是关火后调入拌匀，类似蜂蜜，高温会令营养打折扣。

味噌汤的魂魄

味噌在日本主要分为三大类：米、大豆制成的米味噌，麦与大豆制成的麦味噌，大豆制成的豆味噌。不同地方的味噌原料配比和颜色都有差异，使得味噌极富地方特色，种类繁多。味噌味道醇厚鲜香，含有多种对人体有益物质，很能增进食欲，是日本主要调味料之一，大量日本文学作品中都有味噌的踪迹。日本人认为他们长寿与吃味噌有关。

烤牛舌

中国是吃的国度，国人在吃的方面尤其富有探索精神，善于发掘各种美食，一个《舌尖上的中国》让无数人魂牵梦萦。其实，不独中国，亚洲国家普遍都更注重舌尖上的享受。像这味烤牛舌，是韩国餐馆里很常见的一道烤肉美味，有的人会觉得这是匪夷所思的食物，但是入口别有风味，美味异常。

自己动手 美味在口

材料

牛舌1个、盐、韩式
烧烤腌料适量

韩式烧烤
腌料

盐

工具

汤锅、烤盘

做法

1 将买回来的牛舌洗净，用粗盐仔细搓洗，再放入清水中冲洗。将洗过的牛舌从中间一切为二备用。

2 汤锅中坐水，将牛舌放入，滴入几滴米酒，开大火，待水沸腾后即刻关火，让牛舌在沸水中浸2分钟取出，用刀背刮去表面的污物，冲洗干净，晾干水分，切成薄片。

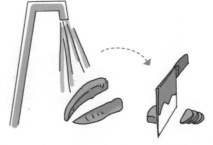

小唠叨

如果一次弄不干净，再把水烧沸烫一次，直到刮洗干净。另外如果觉得不好切，就放在冰箱里冷冻定型再切。

3　将牛舌片放入碗中，加入韩式烧烤腌料拌匀，腌制片刻。

4　烤盘上火烧热，将牛舌一片片平铺在烤盘上，一面烤熟变色翻面烤，烤熟收入盘中食用。

小唠叨

没有烤盘厚底平底锅也可。

烤牛舌大变身

烤五花肉

　　上好新鲜五花肉洗净，剔去肉皮，切成均匀的薄片。准备好生菜叶、韩国大酱、蒜片（没有蒜片美味减半！）。五花肉一片片放在烤盘上两面烤至出油、销焦，取一片生菜，抹些大酱，放一片五花肉和1、2片蒜片，卷起来，吃吧！

就是了不起

烤牛舌可以烤前腌制，也可以不腌
制，处理干净，切片，直接放到铁盘上烤
后蘸作料吃。

腌肉料可以自己调，必须有的调料如蒜茸、花
生油、蜂蜜、生抽和老抽、耗油等，其他如孜然
粉、黑胡椒等就随意了如果有烧烤汁就容易
多了。

烤牛舌的魂魄

烤牛舌，自然最重
要的就是牛舌的选料，新鲜的
牛舌略泛淡红色，如果颜色太暗淡，
一般是牛舌放置时间太长了，最好不要
选择。牛舌的肉质十分细嫩，吃起来弹
脆，很是独特。

海鲜饼

　　海鲜饼有点点像北方的"糊（读'护'）塌子"，尤其是西葫芦饼，基本就是糊塌子的另一种形式。海鲜饼做起来很方便，比我们的千层饼、烙饼不知道省事多少，可是味道一点也不逊色。想偷懒的，就赶紧来看看吧。

自己动手　美味在口

材料

鱿鱼须1副、鲜虾几只、西葫芦1/4个、胡萝卜1/4根、洋葱碎1勺、韭菜几根、葱丝2勺、鸡蛋1个、辣白菜1小片、面粉、盐少许、鸡精适量

工具

炒锅、平底锅

做法

1 将虾去壳，挑出虾线，用水冲洗干净，切成小粒；鱿鱼须改刀成段冲净；西葫芦洗净，去瓤，用刨子刨成细丝；胡萝卜洗净，刨成细丝；韭菜摘洗净切成段；辣白菜切成小块。

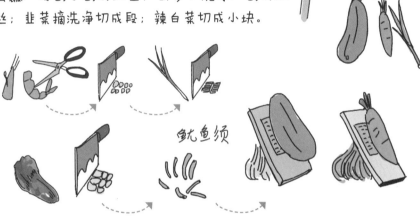

鱿鱼须

2 炒锅烧热，放少许油，倒入洋葱翻炒至出水，加入鱿鱼块翻炒半分钟，再倒入虾仁翻炒至变色即可起锅。

小唠叨

这些原料都可以不处理熟，直接拌入面糊中。

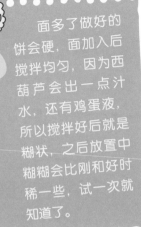

3 西葫芦丝、胡萝卜丝、韭菜、辣白菜放入盆中，打入鸡蛋，搅拌均匀，再倒入炒过的鱿鱼、虾仁和洋葱，搅拌均匀。酌量倒入面粉，搅拌成糊糊，加入少许盐和鸡精，之后放至少半小时。

小唠叨

面多了做好的饼会硬，面加入后搅拌均匀，因为西葫芦会出一点汁水，还有鸡蛋液，所以搅拌好后就是糊状，之后放置中糊糊会比刚和好时稀一些，试一次就知道了。

4 平底锅放少许油，用中火烧开，用炒勺在面盆里捞一勺面糊，放入锅中，晃一晃平底锅，摊开面糊成薄饼。

5 待面面凝结变色时，用铲子将面饼铲起来，翻一个面。煎熟两面即可关火出锅，切成几小片，蘸料或直接吃。

就是了不起

面糊一定要稀，这是海鲜饼的特色。如果怕糊锅，最好采用不粘锅，用油在锅里全都润一遍，这样不容易糊锅。

海鲜饼的魂魄

韩国海鲜饼最常用的材料是鲜虾、鱿鱼、蛤蜊肉等，很多人都喜欢将这些材料处理干净了，切碎，直接放入面糊中摊饼，这样会比较腥，如果吃不惯最好事先处理干净，入锅煸炒一两分钟，炒出香味。

海鲜饼大变身

西葫芦饼

西葫芦洗净刨丝，攥去水，和鸡蛋和匀，加葱丝、盐、味精，分几次加入面粉，拌匀成面糊，放置1小时，之后放入电饼铛中煎熟即可。

铁板鱿鱼

　　铁板鱿鱼吃的是原料的新鲜滋味，不仅没有一点腥味，口感有弹性，加上香甜的酱料，简直越嚼越香，点单率极高。外面摊档通常是把鱿鱼放在铁板上加热，然后刷上酱料，家里没有铁板锅炒也能做。

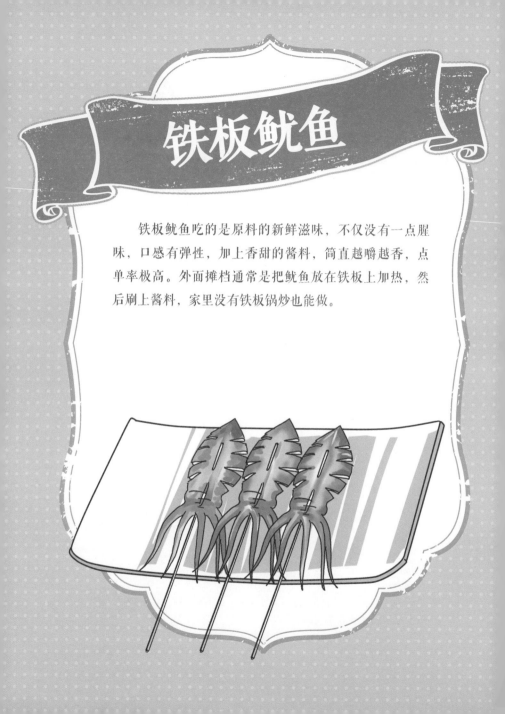

自己动手

美味在口

材料

新鲜鱿鱼1条、红葱头碎2勺、蒜末1勺、鱼露2勺、韩式辣酱、耗油1勺、料酒少许、盐少许、淀粉适量、白糖适量、白芝麻少许

工具

烤架、铁钳、刷子（或者平底锅）

做法

1 将鱿鱼冲洗净，摘下头，同时牵连着扯出鱿鱼内脏，冲洗干净。鱿鱼头部里有一对褐色的硬壳要取出，眼睛去掉，鱿鱼头部顺着鱿鱼须切开；鱿鱼身桶上有一层坚韧的外膜，用刀浅浅划开后撕去，横切几刀成断口，控干水。

去眼睛内肚

小唠叨　新鲜的鱿鱼没什么腥味，亮亮的，外膜很整齐干净，撕去时不太容易。

2 在一个大碗里调入适量鱼露、韩式辣酱、耗油、料酒、葱头碎和蒜末，盐和白糖，调匀。

3 平底锅刷上一层油，加热后将鱿鱼平铺在铁板上，烤至鱿鱼收缩，酱料均匀地涂在鱿鱼上，待酱汁黏在鱿鱼上，鱿鱼收缩就可关火。

小唠叨

也可以像摊档上，把鱿鱼用竹签穿起，改刀，烤制中在鱿鱼上刷酱料。

铁板鱿鱼大变身

铁板茄子

　　长茄子洗净去蒂，从中间剖开，撕成长条，炒锅里多放油，将茄子煎炸至软取出。炒锅留底油，炒散猪肉馅，放入茄子，按照自己的喜好加入甜面酱或韩国辣酱调味，翻炒均匀即可出锅。

就是了不起

除了鱿鱼、海螺、虾等海鲜、鸡胗等肉类食材，香菇、茄子片、彩椒、藕等蔬菜，都可以这样做。

铁板鱿鱼的魂魄

铁板鱿鱼除了讲究鱿鱼用料新鲜之外，必须得多用辣、韩国辣酱。蚝油和鱼露是这道菜的亮点。鱼露和蚝油可以给菜提鲜，将鱿鱼的鲜味更好地激发出来。加了红葱头和蒜，也能为这道菜增加香味。

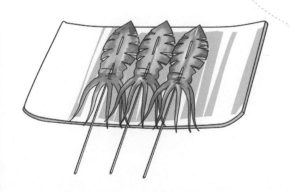

大酱汤

　　大酱汤，盛行于韩国、朝鲜和我国朝鲜族的一种料理，以大酱为主要调料，加入豆腐、海带、西葫芦、贝等食材，熬煮成的一锅菜汤。在韩国，大酱和泡菜一样，堪称国食，在东北也被称为黄酱，是用黄豆发酵制成。

自己动手　美味在口

材料

炖熟的牛肉几块、西葫芦几片、土豆几片、豆芽50克、尖椒圈、洋葱片几片、金针菇1小把、吐净沙的蛤蜊几个、韩国大酱2勺、韩式甜辣酱1勺半、口蘑3个、豆腐半块、淘米水3碗、油适量

油

大酱

甜辣酱

工具

炒锅，如果有石锅更好

做 法

1 口蘑去菇脚切成片；金针菇去掉菇脚；豆腐切厚片。

豆腐用北豆腐。

小唠叨

大火

2 热锅凉油，倒入色拉油，中火烧至五成热，放入洋葱爆香，放入牛肉和淘米水，开大火，放入大酱，搅拌均匀，将土豆、口蘑、洋葱和豆腐一一放入，大火煮开。

3 再放入豆芽、西葫芦、尖椒、金针菇，一点点韩国辣酱，煮开。

4 将洗净的蛤蜊放入汤中，煮2分钟，关火。

就是了不起

1. 大酱汤里的蔬菜没有一定之规，自己喜好什么便放什么。

2. 有关淘米水，使用第二遍的淘米水做汤底，营养极为丰富，也有风味。

3. 所有的菜蔬要按照易熟程度，前后依次放入。蛤蜊讲究鲜嫩，放入热汤中很快就张口了，所以最后下锅。

大酱汤的魂魄

大酱汤一向以材料丰富、营养全面著称，牛肉和蛤蜊做底，放入土豆、西葫芦、洋葱、口蘑等，色香味俱全，十分吸引人，大酱和辣酱非常令人增加食欲。

拌饭

　　看过韩国电视剧《我叫金三顺》吗？里有一个可能令很多人都极其难忘的镜头，金三顺信誓旦旦的要减肥，但抵不过诱惑，母女两个抱着一大盆红彤彤的拌饭，吃得不亦乐乎，那情景绝对让人瞪圆了眼睛。拌饭，又称"韩国拌饭"、"石碗拌饭"，是韩国特有的一种米饭料理。最初起源于韩国光州地区，后来逐渐演变为韩国的代表性食物。据说，石锅拌饭在韩国也是爱情的象征，如果情侣到餐厅吃这道主食的话，男友必须替女友拌好饭，如果女友无法吃完，那么男士必须将剩下的饭吃光，这才证明两人爱情真挚。

自己动手

美味在口

材料

白米饭1碗、牛肉50克、鸡蛋1
个、桔梗少量（泡菜）、黄豆
芽1把、金针菇1把、香菇2个、
蕨菜3根、菠菜3根、胡萝卜半
根、香油适量、盐少许、韩式
辣酱1勺、韩式甜辣酱1勺、黑
胡椒粉适量

工具

石锅、炒锅

做法

1 牛肉浸泡出血水，沥干水分，切成细丝，加入少许盐和黑胡椒粉腌制5分钟。

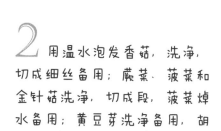

2 用温水泡发香菇，洗净，切成细丝备用；蕨菜、菠菜和金针菇洗净，切成段，菠菜焯水备用；黄豆芽洗净备用，胡萝卜洗净，切成细丝备用。

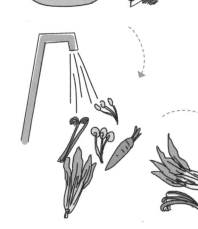

3 炒锅烧热，放少许油，放入牛肉丝炒熟盛起；再依次将蕨菜、金针菇、香菇、胡萝卜丝、豆芽、菠菜单独下锅翻炒1、2分钟后关火，撒上少许盐，出锅备用。

4 锅里加入少许油，打入一个鸡蛋，待蛋液微微凝固便可关火。

5 取石碗，在其内壁涂满香油，倒入一碗热的白米饭，再将处理好的各种蔬菜和牛肉丝依次码放在饭上，在上面放一个单面熟的荷包蛋。

小唠叨

鸡蛋要煎到全熟还是蛋黄没凝固看自己的接受度。

6 将石碗放到灶上用小火加热，等听到米饭发出滋滋的响声便可关火。

小窍门

这时候锅底的米饭会形成微黄的锅巴，焦香四溢。

7 在蔬菜上放上勺甜辣酱和勺辣酱，按照自己喜好，拌匀就能吃了。

石锅拌饭大变身

蛋炒饭

韩国人爱吃石锅拌饭，中国人有个简易喷香的蛋炒饭。剩米饭一碗，切点儿葱花备用。锅里放油，先打散炒熟两个鸡蛋，之后放入米饭炒散，再撒上一把葱花，加盐和味精调味。

就是了不起

石锅拌饭，最讲究的就是这个石锅，将所有材料预先准备好，在石碗内壁抹上一层香油，这样既可以防止米饭糊碗，也能通过炙烤将香油的香气逼到饭菜里。再将石碗放到小火上烧热，待火力均匀渗透至石碗内壁，靠底的那一层米饭形成焦香的锅巴，最是诱人。

石锅拌饭的魂魄

石锅拌饭的各种菜蔬没有严格要求，什么季节便吃什么菜，不过牛肉和黄豆芽、桔梗、香菇、鸡蛋是不能少的。菜蔬不仅在营养上有要求，也要讲究颜色搭配。

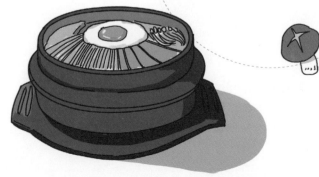

朝鲜冷面

朝鲜冷面很多人一年四季都很喜欢吃，面滑爽筋道，汤酸甜可口，可以不分时间地点地引动馋虫。冷面一般用白面、荞麦面、淀粉制成。朝鲜族人民一般在正月初四中午或者生日那一天吃冷面，认为吃了这面就能多福多寿、长命百岁。冷面带着淡淡的辣味和咸味，吃下几口，又带出了微微的酸甜，让人食指大动，食欲大增。

自己动手　美味在口

材料

朝鲜冷面1袋、冻成冰水混
合物的矿泉水1瓶、梨2片、
纯瘦牛肉1块、韩国辣酱1
勺、泡菜2勺、白芝麻少
许、盐适量、白醋或苹果
醋适量、生抽、糖、蒜2
瓣、姜5片、煮鸡蛋1个

姜　　盐　　白芝麻　　糖

工具

汤锅

做法

1 将瘦牛肉洗净，切成大块，放入开水中焯烫一下，控水；锅里放水，将晾凉的牛肉块放入，放入姜片，大火烧开，转小火炖煮2、3个小时，其间撇去锅边的浮沫和油。关火后取出牛肉，切成片，汤晾凉后放冰箱里冷藏。

小唠叨

也可以用牛骨熬汤，不放其他调料，要撇净汤里的油。

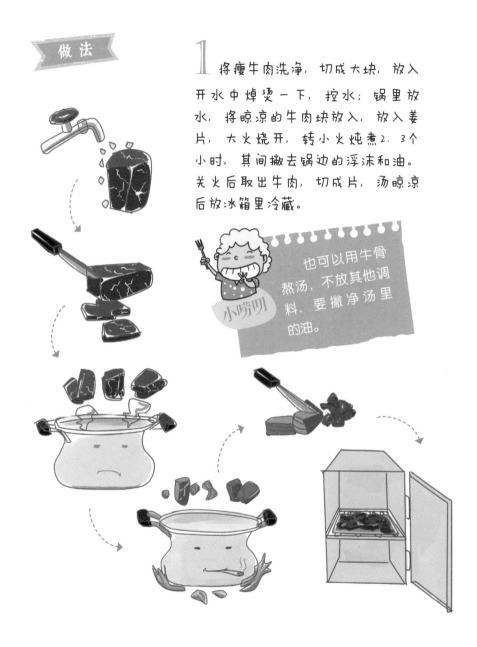

2 蒜拍碎放入碗里，加几勺水泡一下，取出蒜留水待用；鸡蛋切两半。

3 锅里放清水烧开，放入面条，再沸腾时稍小火，尝下没有硬心赶紧捞出，过几次冷水，让每根冷面都清爽不粘连。

小唠叨

冷面有的用荞麦面和淀粉压制，有的用白面、荞麦面和淀粉压制，有的用玉米粉和淀粉压制，煮时水多些，下入面条，开锅后不能久煮。

4 取大碗，1份牛肉汤，2份带冰的矿泉水，调入糖、白醋或苹果醋、蒜水和几滴生抽，加盐调匀成冷面汤。

5 适量冷面放入大碗里，梨片、牛肉片、半个鸡蛋放在冷面上，撒上白芝麻，泡菜、辣酱放在小盘中，随意取用。

冷面大变身

拌面

　　冷面、面条煮、过水方法同上，捞出后不加汤水，用拌面辣酱拌着吃。拌面酱辣用韩国辣酱、梨茸、蒜茸等调成，其他牛肉片、泡菜、鸡蛋等可以随意配食。一般吃拌面会搭配一碗冷面汤。

就是了不起

牛肉汤当然更好吃，用高压锅炖能省些时间，放汽后30~40分钟即可。如果实在没法炖牛肉汤，那就只要清汤中放牛肉粉"变"出牛肉汤了～

朝鲜冷面的魂魄

冷面的两大关键，一是面，二是汤。如果你在外面吃冷面，最好找那种有"现压的"冷面的店，冷面条制作类似压饹饹一样用工具挤压成面条直接下锅的，吃起来和那些做成切面状的自然很不一样。汤，有水调的，有牛肉清汤调的，主要味道是酸、甜、咸，牛肉汤一定要汤清如水，没有一点油。

关东煮

　　很多人会以为关东煮是东北乱炖的一种吧？闯关东不是去东北吗？关东煮的"关东"是日本的关东地区，指本州以东京、横滨为中心的关东地方，包括东京都、神奈川县、千叶县等地，位于日本列岛中央。关东地区的便利店、路边烧常能看到容器里一锅鲣鱼汤，各种的丸子、蟹棒、扇贝串、豆腐包、海带、魔芋丝等，想吃什么随时放进去煮一会儿，拿出来热乎乎的边走边吃，清淡与滋味并存~

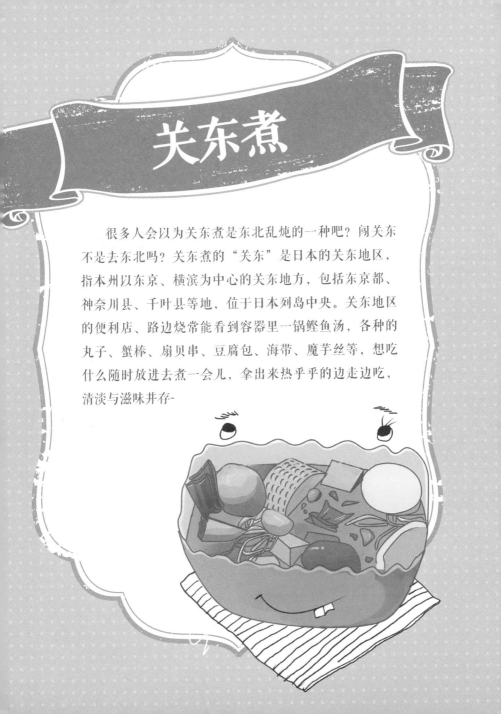

自己动手

美味在口

材料

白萝卜1个·魔芋
丝·豆腐·鱼丸
海带结·豆皮卷
玉米1根·鲣鱼干·
干海带·日本酱油

工具

炖锅

做法

1 鲣鱼干、海带洗净，放入锅中加水烧开后炖煮2小时，取汤，加入适量日本酱油，保持沸腾。

小唠叨

日本酱油有很多种，选能用于调日本冷面汤的，或者材料中有海鲜的。

2 将萝卜洗净，去蒂去尾，削去外皮，切成滚刀块；魔芋丝用清水泡发，洗净，打成结；玉米去掉外皮，洗净，剁成几段；豆皮卷冲洗干净，放入盐水中浸泡半小时，取出沥干水，切段。这几种材料和海带结一起放入汤中煮。

盐水泡半小时

清水泡发

打成结

可以根据自己的喜好，往汤中调入适量盐或者味噌酱。

小唠叨

3 待萝卜开始变成半透明时，将鱼丸放进去同煮。食材熟了就可以吃了。

关东煮大变身

麻辣烫

麻辣烫要先熬上一大锅棒骨汤，把郫县豆瓣酱剁碎后入油锅煸炒，放骨汤，加入麻椒、干辣椒、鸡精等调味料煮汤，然后放入你喜欢的各种蔬菜、海货或肉类煮熟。

就是了不起

用鲣鱼或鲣鱼干煮汤当然地道，但有的地方不一定能找到材料。你还可以用干贝、干鱿鱼、干海带煮汤后加点"六月鲜"酱油。最偷懒的办法就是用一种"好炖家"酱油，加水后煮开做汤底。其他还有多种日本酱油，都能把味道做得七七八八。

关东煮的魂魄

关东煮，顾名思义就在一个"煮"上，汤底要浓，要一直用微火咕嘟咕嘟煮。早先的关东煮是用味噌加水煮，后来采用鲣鱼汤做底，味道更鲜美也更浓郁。关东煮里萝卜、海带和豆皮结是不能少的，因为萝卜越煮越烂，将汤里的精华都吸了进去，仿佛用舌头轻轻一舔就会化掉。各色鱼丸是关东煮的传统特色。

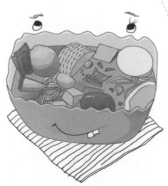